台灣自然圖鑑 046

くらべてわかる 木の葉っぱ

比 一 比 就 知 道

葉子圖鑑

攝影・撰文──林 将之

上／楓香　下／毛柄八仙花

晨星出版

Contents

不分裂葉 · 落葉樹

不分裂葉・常綠樹

分裂葉

掌狀複葉・三出複葉

羽狀複葉

蔓生植物

針葉樹

專欄

前言

你看樹木時，注意的是什麼地方？

花？果實？葉子？樹皮？樹形？

多數人通常是注意到花或果實吧。他們覺得欣賞漂亮的花，嚐著美味的果實，這樣就夠了。可是，只看花和果實的話，萬一遇到只有葉子的時期，就無法正確區分哪棵是什麼樹了。

我想，拿起本書的讀者應該是或多或少希望能夠只看葉子就能認出樹木吧。對於愛樹的人來說，有這種野心也是理所當然。只要有葉子，無論是小樹或老樹，隨時都能夠觀察到，光靠葉子就能夠分辨出大部分的樹木種類，因此葉子可說是樹木觀察上最基本也是最實用的觀察對象。

另一方面，一年之中只有幾週時間能夠觀察到花或成熟果實。再加上樹木很長壽，能夠活上幾十年、幾百年，因此小樹好幾年都不會開花結果。即使是大樹，也可能因為日照或養分條件差，所以幾年都不會開花結果。就像多數的殼斗科樹木，以二～六年為一個周期，這個時候才會大量結果，而且這種樹木並不罕見。相較於壽命只有一年的草生植物，無論條件多麼惡劣都會開花結果，之後枯死，樹木只有看準適當條件全都齊全的時候才會開花結果，除此之外的時間只是不斷地累積養分，過著腳踏實地的生活。

對於樹木來說，葉子可說是照射陽光行光合作用、製造養分的「臉」，也是主要器官。可是很多葉子乍看之下很相似，一般圖鑑也很難比較類似的物種，應該有不少人對於分辨感到困擾。因此，本書以鮮明的掃描圖片，將十分相似的葉子排列在一起，讓讀者一眼就能夠比較葉子。本書將花與果實的照片盡可能縮小，相反地列出大約五百五十種葉子，以入門書來說內容相當豐富。本書開頭的查詢表與內容不是根據制式的分類或型態排版，而是按照「心形葉」、「葉子集中在莖端」等，可憑直覺理解的方式排列。

首先請挑戰憑葉子調查樹木。等到認識樹木名稱之後，能夠看見的世界就會一口氣擴大。認識院子或公園裡的樹木之後，也能夠看懂住宅主人或園藝師的喜好。樹木是大自然的地基，因此也能夠用來推測聚集在樹上昆蟲與鳥類、樹下茂盛的草類與蕨類的種類。或許我們才會因此了解利用樹木製造的木製品、紙張、藥品、食材、燃料等帶給我們多大的幫助。是的，愛就從理解開始。

二〇一七年二月一日
林　将之（樹木圖鑑作家／樹木鑑定網站「這是什麼樹」站長）

索引標籤上半部是葉子形狀，下半部是落葉樹或常綠樹（針葉樹和蔓生植物的下半部是葉子形狀）。再往下是葉子形狀的分組、鋸齒緣或全緣、互生或對生的區別。這些是該對開頁裡樹木共同的特徵；如果有例外，就會標示在各樹木的葉子處。術語的意思請參考 P.8～11 的「樹木觀察原則」或 P.14 的「葉子檢索表」。

樹的名字

以日本一般常用的名稱（和名）、漢字名、學名＊標示。至於箭號（➜）的顏色，落葉樹是黃綠色，常綠樹是深綠色，半常綠樹是雙色。

科名／樹木高度／分布

科名是採用根據 DNA 分析建立的 APGIII 分類系統。科名的右邊是喬木、小喬木、灌木、小灌木、蔓生植物等的分別（請參考 P.8 ②）。最右邊是在日本國內自生或野生的區域。

樹葉掃描圖

這是用掃描器將葉子實體掃描下來的圖片。特徵是顏色、質感、纖毛的模樣等細節都真實呈現。各掃描圖均以藍字標示放大倍率（%），葉子背面也標上「背面」。

說明

說明該頁刊登的樹木概要、分辨重點，以及其他類似樹種等，並附上代表樹種的樹形照片、花或果實照片。

標題

以標題表示該頁刊出的葉子共同的特徵。主要的樹木名稱則列在標題底下。

蔓生植物

分裂葉

分裂葉的蔓生植物 1

長出卷鬚的葡萄科

分裂葉的蔓生木本植物中，莖會長出卷鬚的就是**葡萄科**植物。王瓜等瓜科、西番蓮科的植物也是分裂葉且有卷鬚，不過這些是草本植物，而且莖不會木質化，冬天會枯萎。

異葉山葡萄的果實有藍色、紫色、紅紫色等，色彩繽紛，但不可食用（11/9）

鋸齒緣 全緣

互生 對生

葉背有白色～褐色的綿毛密生

裂片頂端多半偏鈍

➜ **桑葉葡萄**

Vitis ficifolia

葡萄科／落葉蔓生植物／日本本州～沖繩
生長在海岸～山地的林間，葉背有毛密生，因此偏白。秋天果實變成黑紫色，可食用。果實的汁液和莖的顏色是葡萄色（略帶紫的暗紅色）

50%

卷鬚與葉子對生

葉表一開始有毛，後來無毛，葉脈的皺紋醒目

葉子正反兩面有細毛密生

類似的其他夥伴

王瓜

Trichosanthes cucumeroides

瓜科／落葉蔓生植物／日本本州～九州、臺灣
樹叢中常見的蔓生多年草本植物，葉子有 3～5 淺裂。夏夜會開白花。果實不可食用。

果實（12/19）

40%

268

專欄

介紹與該頁樹種有關的文章或十分相似的其他夥伴。

拉線說明

說明分辨重點與特徵。

本書的使用方式

本書收錄了大約五百五十種（包括變種、栽培品種）在日本能夠看到的主要樹木照片、圖片。想要根據葉子查詢樹木名稱時，請使用 P.14 的「葉子檢索表」找出刊登的頁數。正文是按照外型相似的葉子順序排列，每個對開頁一個標題，方便比較相似的種類。想要根據葉子形狀查詢的話，請從 P.2 的目錄查起；想要根據樹木名稱查詢的話，請利用本書最後的索引。

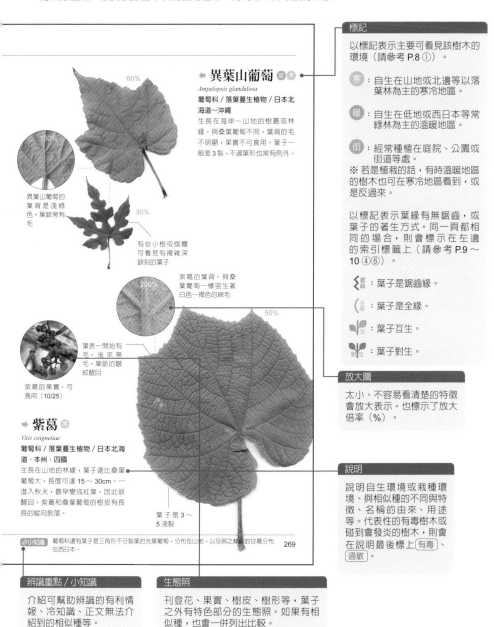

異葉山葡萄 暖 街

Ampelopsis glandulosa

葡萄科 / 落葉蔓生植物 / 日本北海道〜沖繩

生長在海岸〜山地的樹叢或林緣。與桑葉葡萄不同，葉背的毛不明顯，果實不可食用。葉子一般是 3 裂，不過葉形也常有例外。

60%

100%

異葉山葡萄的葉背是淺綠色，葉脈旁有毛

30%

有些小樹或個體可看見有複雜深缺刻的葉子

紫葛的葉背。與桑葉葡萄一樣密生著白色〜褐色的綿毛

200%

50%

葉表一開始有毛，後來無毛，葉脈的皺紋醒目

紫葛的果實。可食用（10/25）

紫葛 暖

Vitis coignetiae

葡萄科 / 落葉蔓生植物 / 日本北海道、本州、四國

生長在山地的林緣，葉子遠比桑葉葡萄大，長度可達 15〜30cm。一進入秋天，最早變成紅葉，因此很醒目。紫葛和桑葉葡萄的樹皮有長長的縱向剝落。

葉子是 3〜5 淺裂

小知識 葡萄科還有葉子是三角形不分裂葉的光葉葡萄，分布在山地，以及與之相似的甘葛分布在西日本。

269

標記

以標記表示主要可看見該樹木的環境（請參考 P.8 ①）。

寒：自生在山地或北邊等以落葉林為主的寒冷地區。

暖：自生在低地或西日本等常綠林為主的溫暖地區。

街：經常種植在庭院、公園或街道等處。

※ 若是植栽的話，有時溫暖地區的樹木也可在寒冷地區看到，或是反過來。

以標記表示葉緣有無鋸齒，或葉子的著生方式。同一頁都相同的場合，則會標示在左邊的索引標籤上（請參考 P.9〜10 ④⑥）。

鋸齒：葉子是鋸齒緣。

全緣：葉子是全緣。

互生：葉子互生。

對生：葉子對生。

放大圖

太小、不容易看清楚的特徵會放大表示。也標示了放大倍率（%）。

說明

說明自生環境或栽種環境、與相似種的不同與特徵、名稱的由來、用途等。代表性的有毒樹木或碰到會發炎的樹木，則會在說明最後標上 有毒、過敏。

辨識重點 / 小知識

介紹可幫助辨識的有利情報、冷知識、正文無法介紹到的相似種等。

生態照

刊登花、果實、樹皮、樹形等，葉子之外有特色部分的生態照。如果有相似種，也會一併列出比較。

※ 學名主要是根據「BG Plants 和名－學名 INDEX（YList）」（http://ylist.info 米倉浩司、梶田忠）、《日本花名鑑④》（Aboc 社）。

7

看樹葉分辨
樹木觀察的
10 大原則

這裡將介紹以葉子為主要線索，分辨、尋找樹木時必須事先知道的「樹木觀察 10 大原則」。

（寒）**寒冷地區（冷溫帶）**
圓齒水青岡、粗齒蒙古櫟等的落葉闊葉林

（暖）**溫暖地區（暖溫帶）**
栲屬、青剛櫟屬等的常綠闊葉林

1 確認樹木生長的環境

生長在大自然（自生）的樹木種類根據該地的氣候、標高、地形、土壤、日照等而有不同。如右圖所示，寒冷地區與溫暖地區的樹木種類不同，不過在西日本的高山上也能夠看到與北日本一樣的樹種。如果是人類栽種（植栽）的樹木，在原本不分布的地區也能夠看到。

日本氣候帶與本書的標記。
藍色是高山（亞高山帶），紅色是副熱帶。

引用自中西哲等人（1983）並有局部變更

2 確認樹高

樹木的高度（樹高）根據成樹的高度，分為右圖的喬木、小喬木、灌木、小灌木等。喬木在小樹時期看來像灌木，不過灌木通常沒有明顯的主幹，而是長出許多細枝幹，或通常在靠近根部的地方分枝，因此兩者不同。樹幹無法自立，必須攀附其他東西或匍匐在地的則是蔓生植物。

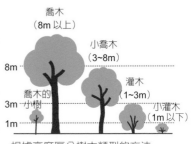

喬木（8m 以上）
小喬木（3～8m）
灌木（1～3m）
小灌木（1m 以下）
喬木的小樹
8m
3m
1m

根據高度區分樹木類型的方法

3 區分葉形

樹葉的形狀主要可分為以下七種，有針狀葉或鱗狀葉的稱為針葉樹，有寬闊葉面的稱為闊葉樹。由一片寬闊葉面（葉身）構成的尋常葉子稱為單葉；有裂口的稱為分裂葉；裂口達到葉子基部，使得葉身分裂成複數的稱為複葉。

不分裂葉

也就是尋常的葉子形狀，沒有裂口的單葉。包括橢圓形、圓形、銳形、心形等多種樣式。

吉野櫻
細柱柳
連香樹

分裂葉

有裂口的單葉。裂口深且數量多。有些樹還會攙雜不分裂葉。

席博氏楓

小葉桑

三出複葉

由三片葉子構成一片葉子的複葉。羽狀複葉的樹有時也會攙雜三出複葉。

粉藤葉楓

綠葉胡枝子

掌狀複葉

五片以上的小葉從一處長出呈手掌狀的複葉。以日本的樹木來說是十分罕見的葉形。

金漆人參木

木通

羽狀複葉

小葉呈羽狀排列成一片葉子的複葉。多半見於落葉樹。小葉的片數各有不同。

刺槐

野薔薇

針狀葉

針葉樹常見的針狀細葉。一般葉子末端是尖銳的，不過也有凹陷的，這種也稱為針葉。

日本赤松

日本冷杉

鱗狀葉

針葉樹常見的、長度約數公釐程度的魚鱗狀小葉子。也稱為鱗葉。

日本扁柏

實際大小

葉子的觀察重點

4 留意葉緣的形狀

葉子邊緣參差不齊者稱為鋸齒，有鋸齒的葉緣稱為鋸齒緣，無鋸齒的稱為全緣。大鋸齒上有小鋸齒者稱為重鋸齒緣，一般鋸齒稱為齒牙緣。有些葉子有鈍鋸齒緣或銳鋸齒緣，有些則是全緣且是波狀葉。有些樹種的成樹葉子沒有鋸齒，但小樹有鋸齒。

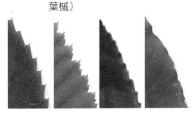

| 齒牙緣 （糙葉樹） | 重鋸齒緣 （千金榆葉楓） | 鈍鋸齒緣 （茶） | 全緣波狀葉 （色木楓） |

葉子的觀察重點

5 區分落葉或常綠

一整年都有葉子的樹是常綠樹。一到冬天，所有葉子都會掉落的樹是落葉樹。這兩種樹的葉子在夏天也有明顯差異。一般來說，常綠樹的葉子偏厚，顏色深，有明顯光澤，相反地，落葉樹的葉子偏薄，顏色明亮，光澤較不明顯。常綠闊葉林多半分布在溫暖地區，落葉闊葉林與常綠針葉林則多半在寒冷地區。

落葉樹 （日本山櫻）

常綠樹 （東瀛珊瑚）

落葉樹 （粗齒蒙古櫟）

常綠樹 （枇杷）

⑥ 留意葉子的著生方式

每個莖節上只生長一片葉子，葉片交互排列，稱為互生。每個莖節上長兩片葉子，且兩兩相對排列，稱為對生。一個莖節上長出三片以上的葉子，稱為輪生，不過在日本的樹木上相當罕見。複數片葉子長在極短的莖節（短莖）上，稱為叢生；叢生葉多半是互生的間隔太近，而在伸長的莖節（長莖）上互生。

對生
（溫州雙六道木）

互生
（粉花繡線菊）

叢生
（大柄冬青）

⑦ 同一棵樹也有多種葉子

不能只看一片葉子，看遍整棵樹，觀察最典型的葉子很重要。向陽的葉子、花莖的葉子偏小型；背陽的葉子、長得很長的莖（徒長莖）的葉子偏大。有些樹的小樹是分裂葉，長大變成樹後，不分裂葉愈來愈多。嫩葉薄且柔軟，與成葉相較特徵較不明顯。

黑榆的枝葉

典型的葉形

莖端的葉子偏窄細

基部的葉子偏小

小構樹的各種葉形

成樹

年輕的樹

小樹或徒長莖

單葉與複葉的分辨方式

開始觀察葉子時，最先碰壁的就是不會分辨單葉與複葉。羽狀複葉看來是小片葉子排列在莖上，但那些葉子是小葉，落葉時是連同葉軸一起脫落。另一方面，單葉排列在莖上時，每片葉子的基部都會長小小的芽，莖也會在落葉後留下。也就是說，長芽的部分是莖，複葉上不會長芽。稍微習慣後，就算不看芽，也能分辨出單葉與複葉。

單葉
（齒葉溲疏）

莖端也是以芽結束

葉子基部（葉腋）有芽

莖

一片葉子

羽狀複葉
（朝鮮槐）

小葉

小葉的基部沒有芽

葉軸

芽長在這裡

莖

一片葉子

8 無法觀察葉子時

有時也會遇到太高的樹，手無法搆到樹枝，無法觀察樹葉。這時候可以找找靠近根部處是否有小樹枝，或找尋落葉，或用雙筒望遠鏡觀察葉子。若是冬季落葉的落葉樹，找不到葉子時，也可利用冬芽分辨樹種。不過因為觀察對象很小，這種方式比較適合資深的樹木觀察家。

冬天的水胡桃。令人想要尋找落葉和果實。

200%

吉野櫻的冬芽。被芽鱗（鱗狀葉）包覆且有毛。

9 看看花、果實、樹皮、樹形等

想要更正確且輕鬆分辨樹木的話，也要觀察葉子以外的部分。枝幹的顏色、毛、稜脊、皮孔（或稱皮目）等很重要。冬芽也會在夏天形成，配合葉子一起觀察，能夠獲得更多資訊。花和果實也是作為分類基礎的重要部分，不過有些樹木有季節限制，有些則是幾年也不會開花結果，這是最困難的地方。有些樹種，像櫸和麻櫟等，只要是成樹的話，只看樹幹的樹皮就能夠分辨。不過愈年輕的樹，樹皮的特徵愈不明顯，因此要留意變異較大的個體。樹形的觀察也很重要，尤其日照條件等環境差異影響很大；經過人工修整的植栽樹木給人之印象，往往與長在大自然的樹木有很大不同。

非典型的髭脈橙葉樹（P.73）樹皮。

樹幹直徑5cm的年輕髭脈橙葉樹，樹皮仍然平滑。

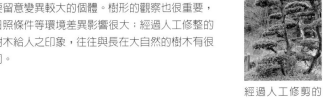

經過人工修剪的烏岡櫟。

烏岡櫟林的自然樹形。

10 樹木有數量多寡的不同

生長在大自然森林裡的喬木，數量最多的，在日本關東是思茅櫧櫟、黑櫟、櫸；在北日本是粗齒蒙古櫟、圓齒水青岡；在西日本是青剛櫟、白背櫟、長椎栲、尖葉栲、豬腳楠；還有就是各地都有的日本赤松等。林緣（森林與草原的交界）常見的是鴉膽子、野桐、朴樹等。行道樹的話，最常見的三種是銀杏、櫻、櫸。然而，城市以外地區與不同海拔的地方，樹木的數量多寡不同，葉子的形狀也有不同，這點必須先記住。

變成黃～橙色的思茅櫧櫟與日本赤松。

善加利用觀察活動與網路

一個人獨自看著圖鑑調查樹木，有時也沒有辦法得到確定的答案。這種時候，參加公園或博物館等舉辦的植物觀察活動，也是一個好方法。認識具體的觀察方式，以及各類植物的名稱，與參加者交流，也能夠開啟新世界。

上網查詢樹木時，使用圖片搜尋功能很方便。比方說，利用「櫸　樹皮」、「心形　葉　灌木」等關鍵字進行圖片搜尋的話，就會顯示你需要的圖片。

但是，網路資訊和其他人的資訊也可能有錯，因此最後還是要靠自己不斷地比對圖鑑與實物，努力的程度將會決定你記住樹木的實力差異。當你不管怎麼都無法查出樹木名稱時，上筆者經營的樹木鑑定網站「這棵樹是什麼樹」Q&A 討論區等上傳照片，也是一個方法。

冬季植物觀察活動的情況。除了講師指導的知識外，其他參加者以什麼方式觀察、擁有哪些資訊與圖鑑等，也是很好的刺激。

術語說明

本書的說明盡量避免專業術語，不過這裡還是介紹一些閱讀葉子圖鑑之前必須先認識的術語。

葉子相關術語

托葉：葉柄與莖連接處類似小葉子的東西。根據樹種不同，也有很多樹沒有托葉，或是容易脫落。

葉身：葉子成薄片狀的主要部分。

葉柄：連接葉子與莖的部分。

葉脈：分布在葉面的管道。包括最粗的主脈（中肋），以及從主脈往橫向分枝的側脈（支脈）等。

其他植物術語

S 捲：從側面看來，蔓生莖往左上捲的捲法。
➡P.278

開出毛（patent hair）：從葉柄、葉脈、莖等垂直長出的毛。

花序：開花的莖整體或開花方式。有圓錐花序、總狀花序等各類形式。

連根多幹樹形：從一個樹墩長出複數樹幹叢生的樹形。灌木多半自然會形成連根多幹的樹形；喬木則多半是砍伐後留下的樹墩發芽，形成連根多幹的樹形。

絹毛（floccose, sericeous）：像絹絲般有光澤、筆直的細毛。

自生：植物自然生長在原本生長的土地上，沒有經過人工干涉。若是原本沒有的植物，稱為野生化。

星狀毛：從一點放射狀生長的毛。肉眼看起來多半像粒狀。

Z 捲：從側面看來，蔓生莖朝右上捲的捲法。
➡P.278

腺毛（glandular）：尖端會分泌黏液的毛。一般尖端是膨脹成球狀，摸起來黏黏的。

短莖、長莖：觀察葉子在莖節上的樣子，有時會發現短枝從長枝（長莖）長出，葉子叢生在短枝上。這個短枝稱為短莖。

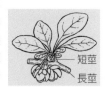

先鋒樹：在其他樹木尚未生長的地方率先入侵的樹木。也稱為先驅樹。在養分少的土地上也能夠快速成長，負責把環境調整成其他樹木也能夠生長。代表性的樹木包括日本赤松、革葉橙木、野桐、鴉膽子、白樺等。

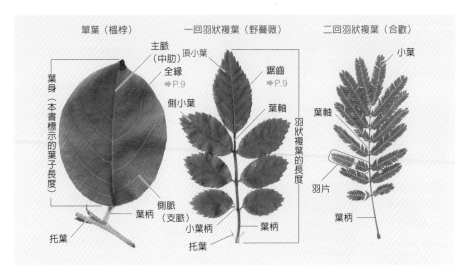

單葉（榅桲） 一回羽狀複葉（野薔薇） 二回羽狀複葉（合歡）

主脈（中肋） 頂小葉

全緣 ➡P.9

側小葉

葉身（本書標示的葉子長度）

葉柄

側脈（支脈）

托葉

鋸齒 ➡P.9

葉軸

小葉柄

葉柄

托葉

羽狀複葉的長度

小葉

葉軸

羽片

葉柄

筍芽（基部芽）：樹木靠近根部或樹墩發芽長出的枝。生長力旺盛，多半會生大型葉。

皮孔（或皮目）：樹皮表面讓空氣進出的小突起組織。形狀包括點狀、菱形、橫條型等，分布方式也形形色色。這也是用來鎖定樹種的線索。

伏毛：貼著莖葉表面生長的毛。

冬芽：為了度過冬天，長成葉子或花的芽。發展成花的冬芽稱為「花芽」，發展成葉子的冬芽稱為葉芽。可在夏天、秋天觀察到。

蜜腺：分泌蜜的地方。通常出現在花上，不過有些樹種的葉柄、葉基、葉背等也有蜜腺，形狀包括疣狀、突起狀、扁平狀等。

綿毛：類似棉花般柔軟捲曲的毛。

薄翅：指薄而扁平的突起物。最具代表性的包括鴉膽子葉軸的薄翅、衛矛莖的薄翅、楓樹科果實的薄翅等。

稜脊：莖上或果實等尖突起的條狀部分。

分類相關術語

科：植物分類上常用的分類級別之一，科底下是屬，屬的底下是種（右表）。

學名：遵照國際規約，以拉丁文表示的世界通用生物名。植物的學名如右表所示，以屬名和種小名（specific epithet）表示。有時還會加上命名者的名字，不過在本書中省略。屬名和種小名的後面接著 subsp. 表示亞種，接著 var. 表示變種，接著 f. 表示品種。另外，種小名前面有 × 表示雜交種。栽培品種的學名以英文引號" 表示。

栽培品種：為了園藝或栽培目的，突顯特定特徵而挑選打造的東西。也稱為園藝品種。

種：生物分類最基本的分類級別。種之下還有亞種、變種、品種這三級。以下表的檵花釣樟為例，可分為分布在太平洋側的狹義檵花釣樟（標準變種），以及分布在日本海側的變種大葉釣樟，不過廣義來說，兩者都包含在檵花釣樟這個種之內。本書原則上是以廣義的和名說明。

檵花釣樟的學名 *Lindera umbellata*

分類級別	例（和名）	學名
科	樟科	Lauraceae
屬	釣樟屬	Lindera
種	檵花釣樟	umbellata
亞種		
變種	大葉釣樟	var. membranacea
品種		

地形、環境相關術語

低地：雖然沒有明確的定義，不過多半是指以平原為中心，海拔 100m 以下的場所。

丘陵：多半是指海拔 300m 以下、斜度和緩的丘狀場所。

山地：多半是指海拔 300m 以上、有大幅度傾斜的場所。1000m 以下的山地特別標記為矮山。

林緣：森林的邊緣部分。與草地或道路的交界處，生長著許多植物。

人工斜坡：剷掉或堆土打造而成的人工斜坡。

13

葉子檢索表

利用這張查詢表，可從葉子形狀找出可能樹種所在的頁面。但是，樹木有很多變異，查詢項目僅供參考，找不到的時候也請試著查詢其他頁的內容。

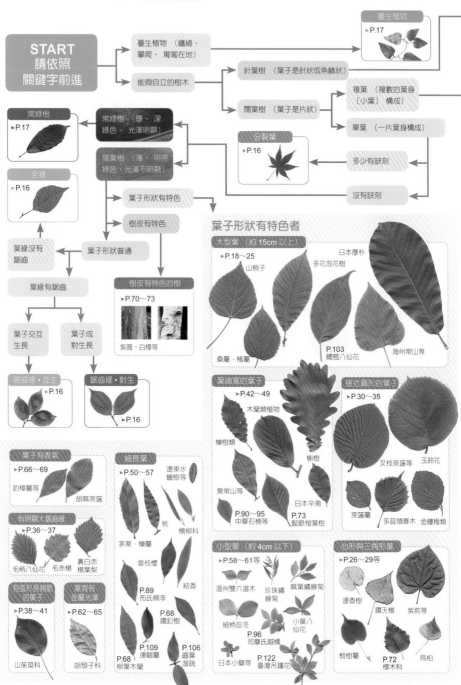

START
請依照
關鍵字前進

蔓生植物（纏繞、攀爬、匍匐在地）

蔓生植物
▶P.17

能夠自立的樹木

針葉樹（葉子是針狀或魚鱗狀）

闊葉樹（葉子是片狀）

複葉（複數的葉身〔小葉〕構成）

單葉（一片葉身構成）

常綠樹（厚、深綠色、光澤明顯）

落葉樹（薄、明亮綠色、光澤不明顯）

分裂葉
▶P.16

多少有缺刻

沒有缺刻

常綠樹
▶P.17

全緣
▶P.16

葉緣沒有鋸齒

葉子形狀有特色

樹皮有特色

葉子形狀普通

葉緣有鋸齒

樹皮有特色的樹
▶P.70～73

紫薇、白樺等

葉子交互生長

葉子成對生長

鋸齒緣‧互生
▶P.16

鋸齒緣‧對生
▶P.16

葉子形狀有特色者

大型葉（約15cm以上）
▶P.18～25

山桐子　多花泡花樹　日本厚朴

桑屬‧楮屬

P.103 總苞八仙花

海州常山等

葉端寬的葉子
▶P.42～49

木蘭類植物

櫟樹類

槲樹

臭常山等

日本辛夷

P.90～95 中華石楠等　P.73 髭脈槍葉樹

接近圓形的葉子
▶P.30～35

叉枝莢蒾等　玉鈴花

莢蒾屬

多蕊領春木　金縷梅類

葉子有香氣
▶P.66～69

釣樟屬等

胡麻莢蒾

有明顯大鋸齒緣
▶P.36～37

毛柄八仙花　毛赤楊　裏白赤楊葉梨

有弧形長側脈的葉子
▶P.38～41

山茱萸科

葉背有金屬光澤
▶P.62～65

胡頹子科

細長葉
▶P.50～57

遼東水蠟樹等

桃　楊柳科

茅栗‧櫟屬

垂枝櫻

結香

P.89 布氏稠李

P.68 鐵釘樹

P.109 連翹屬　P.106 齒葉溲疏

P.68 柳葉木蘭

小型葉（約4cm以下）
▶P.58～61等

溫州雙六道木　珍珠繡線菊　麻葉繡線菊

細柄忍冬　小葉八仙花

P.96 司摩氏越橘

日本小蘗等　P.122 臺灣吊鐘花

心形與三角形葉
▶P.26～29等

連香樹

鑽天楊　紫荊等

椴樹屬　P.72 樺木科　烏桕

14

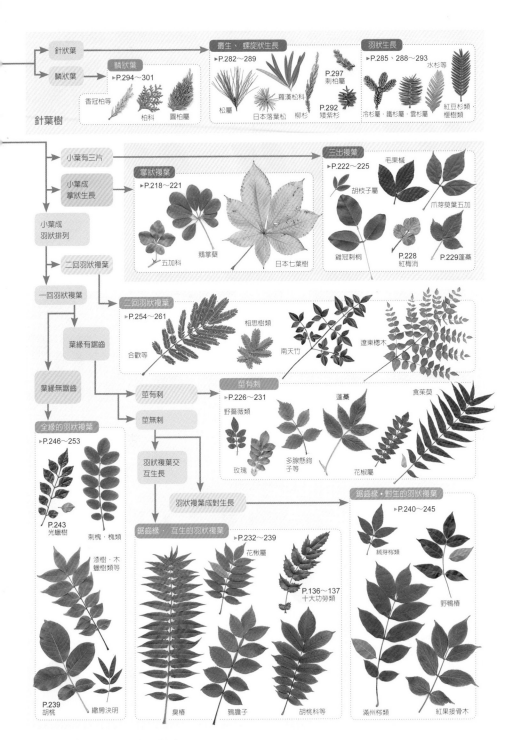

針狀葉

針狀葉

鱗狀葉 ▶P.294～301

香冠柏等 柏科 圓柏屬

叢生、螺旋狀生長 ▶P.282～289

松屬 日本落葉松 羅漢松科 柳杉 P.297 刺柏屬 P.292 矮紫杉

羽狀生長 ▶P.285、288～293

水杉等

冷杉屬·鐵杉屬·雲杉屬 紅豆杉類 榧樹類

小葉有三片

小葉成掌狀生長

小葉成羽狀排列

二回羽狀複葉

一回羽狀複葉

葉緣有鋸齒

葉緣無鋸齒

掌狀複葉 ▶P.218～221

五加科 鵝掌藤 日本七葉樹

三出複葉 ▶P.222～225

毛果槭 胡枝子屬 爪芽蕨葉五加 雞冠刺桐 P.228 紅梅消 P.229 蓬藟

二回羽狀複葉 ▶P.254～261

合歡等 相思樹類 南天竹 遼東楤木

莖有刺

莖無刺

羽狀複葉交互生長

莖有刺 ▶P.226～231

野薔薇類 玫瑰 多腺懸鉤子等 花椒屬 蓬藟 食茱萸

全緣的羽狀複葉 ▶P.246～253

P.243 光蠟樹 刺槐·槐類

漆樹·木蠟樹類等

P.239 胡桃 撤房決明

鋸齒緣·互生的羽狀複葉 ▶P.232～239

花楸屬 P.136～137 十大功勞類

臭椿 鴉膽子 胡桃科等

羽狀複葉成對生長

鋸齒緣·對生的羽狀複葉 ▶P.240～245

絨芽楤類 野鴉椿

滿州楤類 紅果接骨木

※ 礙於頁面大小限制，僅列出代表性的植物。

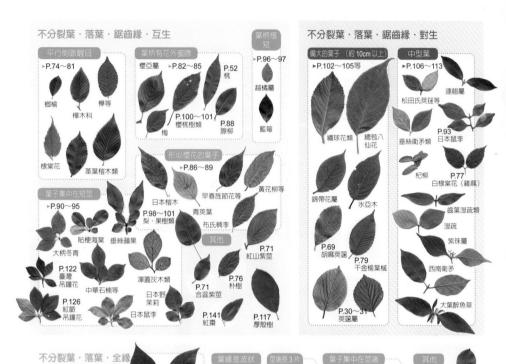

不分裂葉・落葉・鋸齒緣・互生

平行側脈醒目
▶P.74～81

椰榆　櫸等
樺木科
棣棠花　革葉樹木類

葉子集中在短莖
▶P.90～95
貼梗海棠　垂絲蘋果
大柄冬青
P.122
臺灣
吊鐘花
中華石楠等
P.126
紅脈
吊鐘花

葉柄有花外蜜腺
櫻亞屬　P.52
桃
梅　P.100～101
櫻桃樹類　P.88
腺柳

形似櫻花的葉子
▶P.86～89
日本橙木　早春臉節花等
P.98～101　黃花柳等
梨・果樹類　青莢葉
布氏稠李

其他
澤蓋灰木類　P.71
紅山紫莖
日本野　P.76
茉莉　朴樹
日本鼠李　P.71
合蕊紫莖
P.141　P.117
紅棗　厚殼樹

葉柄極短
▶P.96～97
越橘屬
藍莓

不分裂葉・落葉・鋸齒緣・對生

偏大的葉子（約10cm以上）
▶P.102～105等
繡球花類　總苞八
仙花
錦帶花屬　水亞木
P.69
胡麻莢蒾
P.79
千金榆葉槭
P.30～31
莢蒾屬

中型葉
▶P.106～113
連翹屬
松田氏莢蒾等
P.93
垂絲衛矛類　日本鼠李
杞柳　P.77
白棣棠花（雞麻）
齒緣漫疏株
漫疏
紫珠屬
西南衛矛
大葉醉魚草

不分裂葉・落葉・全緣

類似柿的葉子
流蘇樹　▶P.114～117
蠟梅
假枇杷　P.38
柿樹科　山茱萸科

葉緣是波狀
▶P.118
殼斗類
南燭

莖端最3片葉子
▶P.120
三葉杜鵑類

葉子集中在莖端
▶P.122～129
杜鵑花科
P.67 撒花釣樟

其他
P.97　P.101
四國毛花　楊梅
紫薇類
P.66　P.57
大果山胡椒　遼東水蠟樹

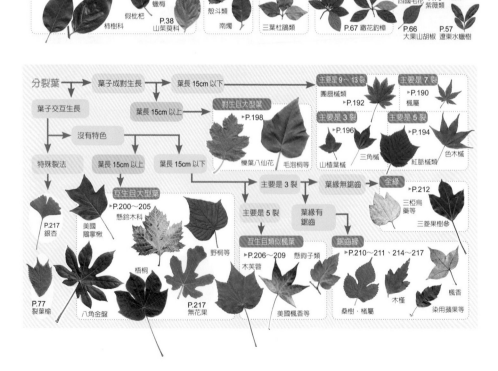

葉子成對生長　葉長15cm以下
　　　　　　　　　　　　　　　　主要是9～13裂
　　　　　　　　　　　　　　　　團扇槭類
　　　　　　　　　　　　　　　　▶P.192
　　　　　　　　　　　　　　　　主要是7裂
　　　　　　　　　　　　　　　　▶P.190
　　　　　　　　　　　　　　　　楓屬

葉子交互生長
葉長15cm以上　**對生且大型葉**
　　　　　　　　　▶P.198
　　　　　　　　　櫟葉八仙花　毛泡桐等

　　　　　　主要是3裂
　　　　　　▶P.196
　　　　　　山楂葉槭　三角槭

　　　　　　主要是5裂
　　　　　　▶P.194
　　　　　　紅脈槭類　色木槭

沒有特色

特殊裂法
P.217
銀杏

葉長15cm以上

葉長15cm以下

互生且大型葉
▶P.200～205
懸鈴木科
美國鵝掌楸
野桐等
梧桐
P.77
裂葉榆　八角金盤　P.217
無花果

主要是3裂　葉緣無鋸齒

主要是5裂　葉緣有鋸齒

互生且似楓葉
▶P.206～209
木芙蓉　懸鉤子類

全緣
▶P.212
三椏烏
桑等
三菱果樹參

鋸齒緣
▶P.210～211、214～217
桑樹・楮屬　木槿
美國楓香等
楓香
染用蘋果等

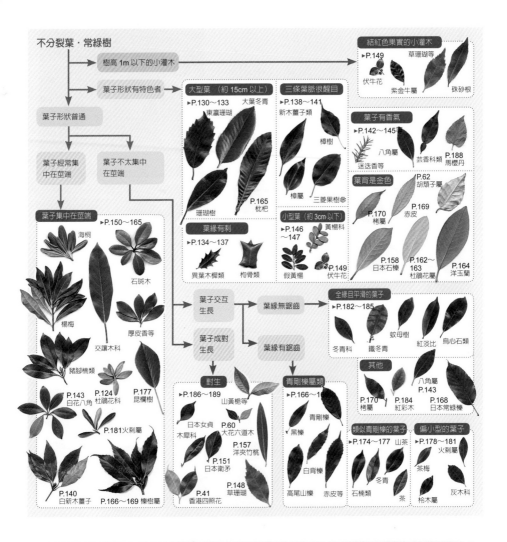

不分裂葉‧常綠樹

結紅色果實的小灌木
▶P.149　草珊瑚等
伏牛花　紫金牛屬　硃砂根

樹高 1m 以下的小灌木

葉子形狀有特色者

葉子形狀普通

大型葉　（約 15cm 以上）
▶P.130～133　大葉冬青
東瀛珊瑚
珊瑚樹　P.165
枇杷

三條葉脈很醒目
▶P.138～141
新木薑子類
樟樹
樟樹　三菱果樹參

葉子有香氣
▶P.142～145
八角屬　芸香科類　P.188
迷迭香等　馬櫻丹

葉背是金色　P.62
胡頹子屬
P.170　P.169
栲屬　赤皮
P.158　P.162～
日本石櫟　163　P.164
杜鵑花屬　洋玉蘭

葉子經常集
中在莖端

葉子不太集中
在莖端

葉緣有刺
▶P.134～137
異葉木櫟類　枸骨類

小型葉　（約 3cm 以下）
▶P.146～147　黃楊科
假黃楊　P.149
伏牛花

葉子集中在莖端
▶P.150～165
海桐
石斑木
楊梅
厚皮香等
交讓木科
豬腳楠類
P.143　P.124　P.177
白花八角　杜鵑花科　昆欄樹
P.181火刺屬
P.140
白新木薑子　P.166～169 櫟樹屬

葉子交互
生長

葉子成對
生長

葉緣無鋸齒

葉緣有鋸齒

全緣且平滑的葉子
▶P.182～185
冬青科　鐵冬青　蚊母樹　紅淡比　烏心石類

其他
P.170　P.184　八角屬
栲屬　紅彩木　P.143
P.168
日本常綠櫟

對生
▶P.186～189
山黃梔等
日本女貞　P.60
木犀科　大花六道木
P.157
洋夾竹桃
P.151
日本衛矛
P.41　P.148
香港四照花　草珊瑚

青剛櫟屬類
▶P.166～16
青剛櫟
黑櫟
白背櫟
高尾山櫟　赤皮等

類似青剛櫟的葉子
▶P.174～177 山茶
冬青
石楠類　茶
茶梅

偏小型的葉子
▶P.178～181
火刺屬
茶梅
枹木屬　灰木科

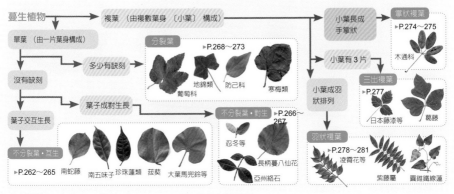

蔓生植物　複葉（由複數葉身〔小葉〕構成）

單葉（由一片葉身構成）

分裂葉
▶P.268～273
地錦類　防己科
葡萄科　寒梅類

多少有缺刻

沒有缺刻

葉子成對生長

不分裂葉‧對生　▶P.266～267
忍冬等
長柄蔓八仙花
亞州絡石

葉子交互生長

不分裂葉‧互生
▶P.262～265　南蛇藤　南五味子　珍珠蓮類　菝葜　大葉馬兜鈴等

小葉長成
手掌狀

掌狀複葉
▶P.274～275
木通科

小葉有 3 片

三出複葉
▶P.277
日本藤漆等　葛藤

小葉成羽
狀排列

羽狀複葉
▶P.278～281
凌霄花等
紫藤屬　圓錐鐵線蓮

※ 礙於頁面大小限制，僅列出代表性的植物。

大型葉 1（橢圓形）

日本厚朴、毛果白辛樹、多花泡花樹等

提到橢圓形～倒立蛋形的大型不分裂葉，第一個就會想到**日本厚朴**，接著是槲樹（P.45）、**毛果白辛樹**、**多花泡花樹**、總苞八仙花（P.103）等。尤其是日本厚朴的葉子，可說是日本產樹木之中最大的單葉。

日本厚朴的花向上開，直徑會達到20cm，是日本產樹木中最大（6/11）。多花果長度約15cm。（9/25）

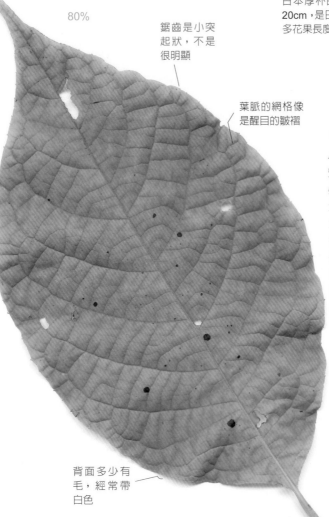

80%

鋸齒是小突起狀，不是很明顯

葉脈的網格像是醒目的皺褶

背面多少有毛，經常帶白色

寒 〈落齒

← 毛果白辛樹

Pterostyrax hispida

安息香科 / 喬木 / 日本本州～九州

沿著山谷生長，葉子很大，長度約20cm，因此很容易看到。分布在日本近畿以西的小葉白辛樹，葉長約10～15cm，較為罕見。兩者的莖都類似小葉白辛樹，容易折斷。

毛果白辛樹的花成串下垂（6/15）

莖是帶橙色的褐色，容易折斷

葉端一般是尖
銳，有時也會
出現凹葉

80%

鋸齒小且突出

➡ 多花泡花樹

Meliosma myriantha

清風藤科 / 喬木 / 日本本州～九州

零星分布在山地～丘陵的森林，高度會
到 10m 左右。葉子類似日本厚朴，不過
較小且有鋸齒。特徵是獨特的冬芽，以
及灰黑色且平滑的樹皮。

多花泡花樹的果實與葉子
（9/18）

冬芽有褐色的
毛覆蓋，看起
來像棒球手套

➡ **日本厚朴** 寒 暖 全緣

Magnolia obovata

木蘭科 / 喬木 / 日本北海道～九州

生長在山地～丘陵的森林裡。葉子是日本產樹木之中最大，且聚集在莖端。其葉子自古以來就用來包裝或包裹食物，也因此這種樹在日本稱為「包木」。樹皮平滑且偏白色。

⬅ **席博氏木蘭** 寒 全緣

Magnolia sieboldii

木蘭科 / 灌木 / 日本關東～九州

生長在山脊等地，而且數量極少。日文名稱「大山蓮華」的意思是在日本奈良縣大峰山盛開的蓮花。類似日本厚朴，不過葉子和花都小一圈。與日本厚朴的雜交種玉整（*Magnolia watsonii* Hook.f.）也是向上開花，且被當作庭園樹木。

背面

葉背帶粉白色且有毛

罕見樹木

80%

葉形較日本厚朴短胖，長度約 15cm

葉柄長 3 ～ 6cm

席博氏木蘭的花是向下開（6/25）

葉長 30 ～ 45cm。與
日本七葉樹、多花泡 ———
花樹不同之處在於葉
緣沒有鋸齒

50%

葉形是葉端寬。葉
背帶粉白色，葉脈
旁邊等處有毛

相似物種

日本厚朴的莖端集
中生長 7 ～ 8 片葉
子，模樣看來類似
大型掌狀複葉的日
本七葉樹（P.219），
因此很容易弄錯。日
本七葉樹的小葉沒
有葉柄，而且葉緣有
鋸齒，這些地方與日
本厚朴不同。

日本七葉樹的嫩葉

小知識　同樣是木蘭科的玉蘭（P.48）、番荔枝科的泡泡果（P.49）的葉子相對來說也較大，類
　　　　似日本厚朴的葉形。

21

大型葉 2（三角形）

海州常山、野桐、山桐子等

葉長約 **20cm** 的三角形大型葉，多半出現在成長快速的先鋒樹上，在城市鬧區的路邊或林緣等明亮場所隨處可見。葉形常見變異的**毛泡桐**、**野桐**、**小葉桑**將在分裂葉的章節詳細說明。

盛夏開出白花的海州常山（8/30）

70%

── 沒有像海州常山的味道

暖 寒 街 對生 全緣

← 毛泡桐

成樹的葉子是不分裂葉，但年輕的樹是大型葉，而且有 3～5 的淺裂。→ P.198

── 葉背長著略帶黏性的毛

🔍 辨識重點　除此之外，梓樹（P.199）也是葉形類似毛泡桐的不分裂葉，不過它的葉序是三輪生，因此兩者不同。

海州常山的星形花萼和藍紫色果實很醒目（10/6）

成樹的葉子是全緣，不過年輕的樹多半是鈍鋸齒葉緣

海州常山的花。花蕊長長伸出（7/31）

揉捏葉子之後，會散發出獨特的強烈氣味

暖 寒 對生 全緣 鋸齒

➡ 海州常山

Clerodendrum trichotomum

唇形花科／小喬木／日本北海道～沖繩、臺灣

經常生長在路邊或林緣等明亮的場所，樹高可達 2 ～ 8m。葉子有臭味，因此在日本稱為臭木，一聞到這個味道立刻就知道是它。嫩葉也被當作山菜。

葉端略窄的獨特葉形。一般來說沒有鋸齒

➡ 野桐

暖 互生 全緣

成樹的葉子是不分裂葉，但年輕樹的葉子是 3 淺裂。→ P.200

葉柄帶紅色，有星狀毛密生

暖 寒 🌱 ⋛鋸齒

➡ 小葉桑

成樹的葉子是不分裂
葉，但年輕樹的葉
子有複雜的缺刻。
→ P.214

70%

葉端像尾巴
般伸長

成樹是不分裂
葉，不過小樹的
葉子有深缺刻

70%

← 雜交楮 暖 🌱 ⋛鋸齒

Broussonetia × kazinoki

桑科 / 灌木 / 原產於中國

樹皮是和紙的原料，過去栽種在
深山，現在很少種植。是小構樹
（P.215）和構樹（P.216）的雜交種。
葉子、花、果實均比小構樹更大。

稍罕見
樹木

—— 葉柄長 2 ～ 3cm

70%

葉子與野桐的類似，
不過有明顯的鋸齒

← 山桐子 暖 ↙ 🌱 〈鋸齒

Idesia polycarpa

**楊柳科 / 喬木 / 日本本州～沖
繩、臺灣**

零星分布在矮山～低地，特徵是
樹幹橫向長出樹枝，形成一層層
的構造。葉子與毛泡桐的類似。
過去用來裝飯，因此日文名稱稱
為「飯桐」。雌雄異株。

有一對疣狀
的花外蜜腺

200%

山桐子的果實
長得像葡萄串
（12/12）

鋸齒略粗

稍罕見
樹木

葉柄帶紅色且
長，基部附近
也有花外蜜腺

枳椇的果實。肥大
的葉柄部分有梨子
的味道（9/2）

70%

葉身基部稍微呈現
三角形突出

背面

➡ 枳椇 暖 寒 ↙ 🌱 〈鋸齒

Hovenia dulcis

鼠李科 / 喬木 / 日本本州～九州

零星分布在丘陵～山地。葉子類
似桑樹的不分裂葉，不過葉身基
部的形狀不同。樹皮有短棒狀的
裂痕。在日本中部地方以西也有
多毛的枳椇分布。

莖是比桑科植物略
深的紫褐色

✏小知識　雜交楮有時會野生化，不過看到的機會比看到自生種小構樹更少；因為是雜交種，特徵
也相當多樣。

心形與三角形的葉子

連香樹、椴樹屬、紫荊等

連香樹的圓形葉子很討喜，**紫荊**的葉子是工整的心形，這些葉形都令人印象深刻，容易記住。也有容易搞錯的**椴樹屬**植物、**雙花木**等類似種，因此請仔細檢查有無鋸齒緣，以及葉子的著生方式。

連香樹的嫩葉（5/9）

有尖銳的鋸齒，葉端伸長　　　90%

華東椴和南京椴的花是從基部長出抹刀狀的花苞，果實會隨風散布（6/10）

寒 街 生 鋸齒

← 華東椴

Tilia japonica

錦葵科 / 喬木 / 日本北海道～九州

生長在山林裡，多在日本長野縣、北海道，有時也種植在公園或街道上。葉子是歪曲的心形。樹皮有縱向裂痕，很牢固，經常用來製作繩子或纖維。

基部內凹，左右邊經常不對稱

鑽天楊的黃葉（11/19）

90%

葉柄的剖面看起來扁平，是兩側彷彿被壓扁的形狀

寒 街 生 鋸齒

← 白樺

白色樹皮是其特徵。
→ P.72

30%

街 生 鋸齒

↑ 鑽天楊

Populus nigra var. *italica*

楊柳科 / 喬木 / 原產於歐洲

特徵是高大的樹形，在東日本多半當作植栽。葉子是三角形～菱形，大小差距大。鑽天楊有許多外國產的類似種，在日本的夥伴是自生種的歐洲山楊（P.32）。

➡ **連香樹**

Cercidiphyllum japonicum

連香樹科 / 喬木 / 日本北海道～九州
生長在山地溪谷邊，能夠長成大樹。
圓心形的葉子凋落乾枯之後，會散發
出焦糖般的甜香味，因此日文名稱叫
「香出」。也當作行道樹、公園樹或
庭園樹木。

黃葉
90%

有偏圓的淺
鋸齒

基部內凹

➡ **南京椴**

Tilia miqueliana

錦葵科 / 小喬木 / 原產於中國
被視為是佛教聖樹，種植在寺院
裡，不過釋迦牟尼佛在樹下悟道
的是生長在熱帶的菩提樹（桑
科），此樹在日本可在溫室或沖
繩看到。

90%

稍罕見
樹木

葉子兩面和葉
柄都有毛

葉子基部的左
右邊有些不對
稱

27

90%

葉柄兩端
膨起

Cercis chinensis

豆科 / 灌木 / 原產於中國
種在庭院或公園裡,葉子是
工整的心形。秋天會長豆
科特有的莢果。和名稱為花
蘇芳,是因為花色類似「蘇
芳」這種染木材用的染料。

紫荊在長芽之
前會開紅紫色
的花(4/4)

葉子形狀獨
特,是兩側
較寬的菱形

紅葉 90%

→ 烏桕 街

Triadica sebifera

大戟科 / 小喬木 / 原產於中國、臺灣
生長在溫暖地區,葉子會變成鮮豔的
紅色~黃色,因此在西日本主要種植
在街道、公園。種子表面有一層白蠟,
冬天也能夠留在枝頭上。

葉柄基部有一對疣
狀的花外蜜腺

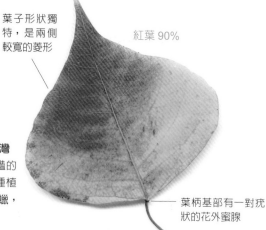

烏桕的花長成
穗狀,狀似毛
毛蟲(7/16)

90% 罕見樹木

雙花木的花是星形且花瓣很細 (11/6)

—— 葉柄稍微比紫荊長

↑ 雙花木 暖 寒 互生 全緣

Disanthus cercidifolius

金縷梅科 / 灌木 / 日本本州（中部地方以西）、高知縣

生長在矮山的罕見樹木。葉子是偏圓的心形，秋天會變成紅葉，因此偶爾也當作庭園樹木。在紅葉期會開出紅色小花，因此在日本有「紅花滿作」的別名。

90%

葉子是三角形，葉身基部幾乎沒有內凹

→ 歐丁香 街 對生 全緣

Syringa vulgaris

木犀科 / 灌木 / 原產於歐洲

種植在庭園或公園裡。夏初會開淺紫色、桃紅色、白色的花，香氣怡人。在北海道等寒冷地區多半當作植栽。和名稱為紫丁香花。法文名稱是里拉。

歐丁香的花是 4 裂，圓錐花序生長 (4/27)

近似圓形的葉子 1
莢蒾屬、金縷梅類等

提到接近圓形～圓心形的葉形，在日常生活隨處可見的樹木中，最具代表性的就是 P.30～31 的五福花科**莢蒾屬**（*Viburnum*）、P.32～33 的**金縷梅科**植物。這兩種都是鋸齒葉，莢蒾屬是對生，金縷梅科則是互生。

正值開花期的莢蒾（6/3）與果實（12/4）

→ **叉枝莢蒾**

Viburnum furcatum

五福花科 / 小喬木 / 日本北海道～九州

生長在山地。類似龜殼的圓形葉很醒目。葉子經常被蟲蛀，因此在日本有「蟲咬」的別名。花類似蝴蝶戲珠花，不過裝飾花的五裂片都是同樣大小。

叉枝莢蒾果實由紅轉黑表示成熟（9/13）

80%

葉身基部深深內凹

80%

鋸齒偏鈍，葉形也
有例外

葉子的兩面、
葉柄、嫩莖上
有很多星狀
毛，質感粗糙

背面

→ **莢蒾** 寒暖 對生

Viburnum dilatatum

**五福花科 / 灌木 / 日本北海
道～九州**

通常生長在低地～山地的森
林。多半是接近圓形的葉
子，不過也有很多細長葉、
葉端寬的葉子等。果實可食
用，但是很酸。接近的種有
浙皖莢蒾（P.109）等。

上面是粉團的
花（5/8），右
邊是蝴蝶戲珠
花的花（6/15）

凹處尖銳的鋸齒
很醒目

80%

寒 暖 街 對生

→ **蝴蝶戲珠花**

Viburnum plicatum

**五福花科 / 灌木 / 日本本州～
九州**

生長在山谷邊。莖水平伸展。
花有類似繡球花的裝飾花，五
裂片的其中一片較小。整個都
是裝飾花的品種「粉團」則被
當作庭園樹木。

葉形有蛋形也
有接近圓形的
例外

80%

80%

有摺痕
的側脈
很明顯

↑ 小葉瑞木 街 ✔生

Corylopsis pauciflora

金縷梅科 / 灌木 / 日本北陸西部～近畿北部、臺灣

一般種植在院子或公園裡，不過自生種則是只長在靠日本海一側的岩石地。葉子和花都較穗序瑞木小，樹高約 1m。

葉子是有些
扭曲的心
形，葉緣有
蹼狀的鋸齒

葉柄的毛
略多

小葉瑞木是小型
花，花藥是黃色
（4/1）

↑ 穗序瑞木 街 ✔生

Corylopsis spicata

金縷梅科 / 灌木 / 日本高知縣

一般種植在公園或院子裡，不過自生種只長在高知縣的岩石地。枝幹多，樹高可達 2 ～ 4m。秋天的黃葉很美。與之十分類似的日本端木（*Corylopsis gotoana*）葉子和花序的毛很少，生長在西日本的溪流畔。

穗序瑞木的花
藥是紅色，花
軸多毛（3/14）

← 歐洲山楊 寒 ✔生

Populus tremula

楊柳科 / 喬木 / 日本北海道～九州

日本產的鑽天楊的夥伴，生長在山地明亮的場所，樹形狹長。在日本，因為風吹葉子搖曳發出的聲響，因此稱為「山鳴」；也經常當作製作箱子的木材，因此在日本也有「箱柳」之稱。

80%

基部有一對疣狀
花外蜜腺

200%

葉柄的剖面
是扁平狀

歐洲山楊的樹皮有明
顯的菱形皮孔

葉緣的鋸齒與日
本金縷梅相比，
較不明顯

金縷梅的葉背
有密生的白毛

← **金縷梅** 街 生
Hamamelis mollis
金縷梅科 / 灌木 / 原產於中國
一般種植在院子或公園裡，花是
黃色～紅色，有許多栽培品種，
也有與日本金縷梅的雜交種。與
日本金縷梅相比，葉背和嫩莖的
綿毛較多；冬天的枯葉也較容易
留在莖上。

80%

金縷梅類的葉子基部
多半是左右不對稱的
形狀

葉緣是鈍鋸
齒。葉背是淺
綠色，而且有
少量星狀毛

80%

日本金縷梅的
花。花瓣有 4
片，是黃色且
細長（2/10）

→ **日本金縷梅** 寒 街 生
Hamamelis japonica
金縷梅科 / 小喬木 / 日本本州～九州
生長在山地稜脊等地方，有時也會當
作庭園樹木。葉子有圓形、菱形、平
行四邊形等，變異眾多。和名是因為
它在還有殘雪的時期就開花，因此稱
為「滿作」（日文發音類似「率先開
花」）。

冬芽和嫩莖有褐
色的星狀毛覆蓋

小知識　靠日本海的金縷梅，是小型圓葉的變種日本圓葉金縷梅；西日本的金縷梅是花萼也是黃
色的日本阿哲金縷梅。

近似圓形的葉子 2
多蕊領春木、玉鈴花等

這裡介紹的三種，是接近圓形的葉子之中，特徵互生且鋸齒突出者。尤其是**玉鈴花**，又大又圓的葉子令人印象深刻，一般都有不規則的鋸齒，不過有時也會發現完全沒有鋸齒的全緣葉。

多蕊領春木的嫩葉（6/7）與花（4/1）

80%

―― 一般有鋸齒，有時是全緣

玉鈴花的花（5/4）

―― 葉柄呈筒狀包覆冬芽

← 玉鈴花 寒 街

Styrax obassia

安息香科 / 喬木 / 日本北海道～九州
有時生長在山林裡。像連綿白雲般的花很美，因此有時也種植在街道或院子裡。也被當作是佛教聖樹娑羅雙樹種在寺院裡。

辨識重點　玉鈴花多半是大葉子底下長著兩片小葉子，三片一組。

葉端伸長 ———

➡ 多蕊領春木 寒

Euptelea polyandra

領春木科 / 喬木 / 日本本州～九州

通常生長在山谷沿岸，經常像要覆
蓋河川般伸出枝幹。與櫻花類是不
同種的夥伴，花很樸素，沒有花瓣。
葉形獨特，因此容易分辨。

側脈末端有
鋸齒突出

80%

➡ 角榛 寒

Corylus sieboldiana

**樺木科 / 灌木 / 日本北海
道～九州**

是原產於歐洲的榛果樹（歐
榛）的夥伴，生長在丘陵～
山地。種子可食用，不過果
實表面有許多刺人的毛，必
須小心。

葉子是菱形。處處
都有突出的鋸齒。

角榛的果實有角
狀突起（**9/27**）

80%

有明顯大鋸齒的葉子

毛赤楊、裏白赤楊葉梨等

有明顯大鋸齒的葉子較容易分辨。**毛赤楊**和**裏白赤楊葉梨**的葉子，在突出的大鋸齒上還有小鋸齒，這種葉緣稱為重鋸齒緣。相反地，**毛柄八仙花**這種只有突出的大鋸齒的，稱為齒牙緣。

長著果穗和花的毛赤楊（10/20）

葉背、葉柄、嫩莖
都密生白色綿毛

裏白赤楊葉梨
的果實。果柄
有 很 多 白 毛
（10/27）

背面

80%

寒 暖

← 裏白赤楊葉梨

Aria japonica

薔薇科／喬木／日本本州～九州
生長在丘陵～山地稜脊上。一如名
稱「裏白」所示，葉背是白色，而
且春天開白花。樹皮有菱形皮孔，
會逐漸縱向裂開。

鋸齒沒有裏白
赤楊葉梨的起
伏那麼大

多半是三片葉
子簇生。赤楊
葉梨也是

80%

→ 赤楊葉梨 寒 暖

Aria alnifolia

薔薇科／喬木／日本北海道～九州
類似裏白赤楊葉梨，但是葉背、莖、果柄的毛少，
且葉緣鋸齒的起伏較小。樹皮有縱向條紋。生長
在山地～丘陵。日文名稱叫「小豆梨」是因為紅
色果實是梨狀，而且很小（長度不到 1cm）。

據說葉背的葉脈旁邊毛很多的，是變種的遼東樺木（*Alnus hirsuta* Turcz.）

有起伏較平緩的重鋸齒緣

80%

➡ **毛赤楊** 寒 暖 🌱

Alnus hirsuta

樺木科／喬木／日本北海道～九州
日本樺木（P.87）生長在水邊，相反地，本種則是生長在山谷～稜脊的明亮場所。經常當作道路兩側擋土牆綠化之用。冬季～春季開花，一整年都能看到毬果狀的果實。

毛柄八仙花的花是藍紫～白色（6/11）

80%

寒 暖 對生

➡ **毛柄八仙花**

Hydrangea hirta

八仙花科／灌木／日本關東～九州
生長在丘陵～山林裡。沒有裝飾花這點與其他繡球花類（P.102）不同，樹高約 1m 左右，個頭小。葉子到秋天會變黃。

葉緣有明顯的大齒牙緣，很容易分辨

🖉小知識 殼斗科的櫟樹類（P.42）、蕁麻科的小赤麻、樺木科的小葉山樺木和貓四手也都有明顯的大鋸齒緣。

有弧形長側脈的葉子
山茱萸科

山茱萸科植物的葉子特徵是全緣，且側脈彎曲伸長，根據這一點可與他種做區分。葉形也多半是偏圓的蛋形，再加上燈臺樹是互生，除此之外則是對生。配合樹皮的特徵一併記住的話，更容易分辨。

正值開花期的燈臺樹樹形（5/12）與果實（8/23）

↓ 梜木 暖 寒 對生

Cornus macrophylla

山茱萸科 / 喬木 / 日本本州～九州、臺灣

生長在低地～山地，西日本則是燈臺樹較多。與燈臺樹不同，莖葉是對生，冬芽偏黑，葉子偏細長。和名「熊野水木」是取自紀伊半島的熊野地方。

90%

梜木樹皮的裂口是深色

—— 表面有短伏毛，較無光澤。這片葉子是相對較細的葉子

梜木的花。開花期較燈臺樹晚大約一個月（7/6）

—— 冬芽偏黑，頂端尖突，是沒有芽鱗的裸芽

冬芽
100%

➡ 燈臺樹 寒 暖 生

Cornus controversa

**山茱萸科 / 喬木 / 日本北海
道～九州、臺灣**

主要生長在山地，不過在關東
以北地區的低地雜樹林也有很
多。從側面看來一層層堆疊的
樹形別具特色，開花期的小白
花很醒目。日文名稱叫「水木」
是因為在春天剪斷枝枒的話，
樹液就會像水一樣流出來。

側脈朝葉端彎曲
伸長，很醒目

90%

表面無毛，
光澤較明顯

燈臺樹的樹皮裂口偏
白

葉柄比梜木
的長

冬芽
100%

葉背

冬芽偏紅，頂端
圓潤，是芽鱗包
覆的鱗芽

葉背帶白色，
稍微有些伏毛

葉背有黑色伏毛零星分布，毛較集中在葉脈的分支處

背面

100%

葉緣多半有細小的波狀。葉形是寬蛋形～近乎圓形

日本四照花的花。苞片末端尖銳（6/1）

日本四照花的樹皮呈魚鱗狀剝落

⬆ 日本四照花 寒 暖 街 🌱對生

Cornus kousa

山茱萸科 / 小喬木 / 日本本州～沖繩

生長在山地稜脊等地方，也種植在院子或公園裡。在梅雨季節開花，看來像花瓣的白色部分是葉子變成的苞片，小花呈圓形集中在苞片中央。因為看起來像僧侶（法師），因此日文名稱叫「山法師」。

⬇ 山茱萸 街 🌱對生

Cornus officinalis

山茱萸科 / 小喬木 / 原產於中國

種植在院子或公園裡，開花期在初春，因此很醒目。秋天結的紅色果實類似茱萸，因此日文名稱寫作「山茱萸」。樹皮呈現不規則剝落狀。

山茱萸的花宣布春天到來（3/14）

葉端長長延伸

葉脈分支處長著褐色的毛，看來像三角形圖案

背面

100%

大花四照花的樹皮裂成網狀

開白花的大花四照花行道樹（5/1）

大花四照花也有許多粉紅色的花（4/25）

100%

背面

葉子表面是明亮的黃綠色

葉背帶白色，整體有細毛

葉子較日本四照花厚且光澤明顯，葉形略窄。側脈少。

背面

100%

這是常綠樹

↑ 大花四照花 街 對生
Cornus florida
山茱萸科 / 小喬木 / 原產於北美
日文別名是「美國山法師」。類似日本四照花，但花是春天開，苞片末端內凹，樹皮也不同。經常種植在院子或街道上。

← 香港四照花 街 對生
Cornus hongkongensis
山茱萸科 / 小喬木 / 原產於中國
類似日本四照花，但是冬天也會留下帶著紅色的葉子，花形較小。近年來常用來當作庭園樹木。市面上有許多栽培品種。

小知識　原產於中國的喜樹（山茱萸科）也與燈臺樹類似，有彎曲的側脈，不過葉子更大，而且鮮少人工栽種。

葉端寬且有鋸齒的葉子

殼斗類等

殼斗類是日本落葉林中最常見的樹種,特徵是葉形成逆蛋形(葉端寬),有尖銳鋸齒,葉子集中著生在莖頭且互生。低地最多的是**思茅櫧櫟**,冬天會積雪的山地最多的是**粗齒蒙古櫟**。果實請參考 P.172 橡實專欄。

思茅櫧櫟的樹形(9/19)與花(5/9)

粗齒蒙古櫟的葉子。集中著生在莖頭,看不見葉柄

黃葉
90%

—— 鋸齒特大且尖銳

➡ 粗齒蒙古櫟 寒

Quercus crispula

殼斗科 / 喬木 / 日本北海道～九州
構成寒冷地區森林的代表樹種,在山地經常與圓齒水青岡混雜在一起生長。葉子、鋸齒、果實(橡實)均較思茅櫧櫟大,因此在日本有「大思茅櫧櫟」的別稱。長成大樹之後,橡實也是熊的重要糧食。

葉柄在 5mm
以下,極短 ——

➡ 思茅櫧櫟 暖 寒

Quercus serrata

殼斗科 / 喬木 / 日本北海道～九州

構成低地雜樹林的代表樹種，經常與麻櫟、栓皮櫟、日本赤松混雜在一起生長。過去經常當作柴薪或木炭使用。葉子較粗齒蒙古櫟小，葉柄明顯，是區分兩者的關鍵。

葉端的寬度較中央更大　90%

鋸齒粗且尖銳，不過還是比粗齒蒙古櫟小

有長度 1～3cm的明顯葉柄

葉背密生細毛，偏白

背面

思茅櫧櫟的果實（堅果 9/1）。關於橡實的說明，請參考 P.172。

比較樹皮看看

粗齒蒙古櫟的樹皮呈薄紙狀剝落

思茅櫧櫟的樹皮平坦的部分是白色，裂口部分是黑色

槲樹的樹皮厚，裂口較思茅櫧櫟深

🍂**辨識重點**　思茅櫧櫟的葉形寬窄有很多例外。北日本也經常可見粗齒蒙古櫟 × 思茅櫧櫟、粗齒蒙古櫟 × 槲樹的雜交種。

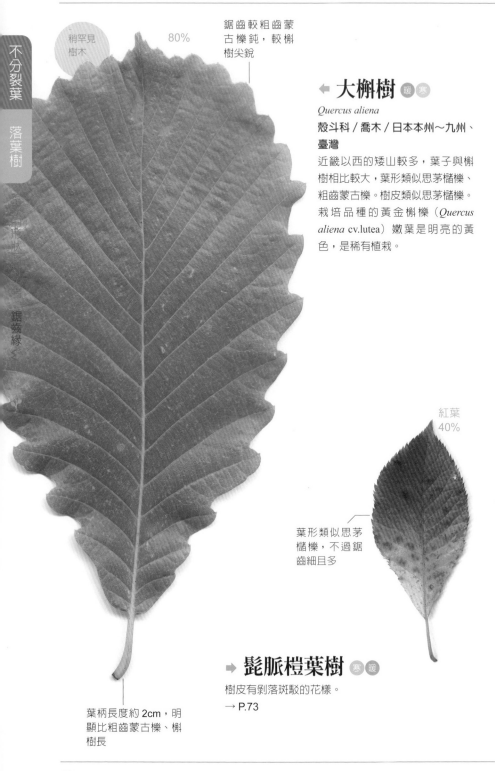

稍罕見
樹木

80%

鋸齒較粗齒蒙
古櫟鈍，較槲
樹尖銳

← **大槲樹** 暖 寒

Quercus aliena

**殼斗科 / 喬木 / 日本本州～九州、
臺灣**

近畿以西的矮山較多，葉子與槲
樹相比較大，葉形類似思茅櫧櫟、
粗齒蒙古櫟。樹皮類似思茅櫧櫟。
栽培品種的黃金槲櫟（*Quercus
aliena* cv.lutea）嫩葉是明亮的黃
色，是稀有植栽。

紅葉
40%

葉形類似思茅
櫧櫟，不過鋸
齒細且多

→ **髭脈橙葉樹** 寒 暖

樹皮有剝落斑駁的花樣。
→ P.73

葉柄長度約 2cm，明
顯比粗齒蒙古櫟、槲
樹長

鋸齒大且圓，不尖銳。葉長可達 **30cm** 左右。因為葉子用來包日式甜點「柏餅」而廣為人知

80%

➡ 槲樹 _{寒 暖 街}

Quercus dentata

殼斗科 / 喬木 / 日本北海道～九州、臺灣

生長在山地，不過在北海道則多半是海岸林。樹皮厚，在放火燒過的牧草地也經常會留下。冬季時枯葉仍會留在樹枝上，因此被視為是象徵了孫不絕的吉祥物，因而當作庭園樹木種植。

葉背有毛密生

40%

毛散生且粗糙

薄葉泡花樹的果實（9/27）

稍罕見樹木

⬅ 薄葉泡花樹 _寒

Meliosma tenuis

清風藤科 / 灌木 / 日本本州～九州

偶爾生長在山地森林裡，葉形類似思茅櫧櫟（日文的舊名為「柞」），因此日文名稱叫「深山柞」。與多花泡花樹（P.19）同樣是綠弄蝶的食物而為人所知。

葉柄極短，葉身基部是圓形的耳垂狀

📝小知識　殼斗類植物過去被砍來當柴薪、木炭使用，因此經常可見一處樹墩長出多個樹幹的樹形。

葉端寬且無鋸齒的葉子

木蘭類、臭常山等

提到逆蛋形（葉端寬）且全緣的葉子，最具代表性的就是木蘭屬（*Magnolia*）。此屬的葉子特徵是葉子互生，葉子基部有繞莖一圈的線（托葉痕）。花芽像細柱柳（P.52）一樣有毛覆蓋。多半與櫻花同時期開花。

花朵盛開的行道樹日本辛夷（4/6）。花瓣是白色 6 片。花下有一片小葉子（3/14）

葉端短且突出

表面有明顯的細葉脈皺紋

90%

花芽大，有白毛覆蓋

小型的葉芽

冬芽 100%

背面

葉子基部有繞莖一圈的線

葉緣是波狀

日本辛夷的果實。裂開後，朱紅色的種子就會落下（9/27）

↟ 日本辛夷 寒 暖 街

Magnolia kobus

木蘭科 / 喬木 / 日本北海道～九州

生長在丘陵～山地的潮溼場所等地方，多半在關東以北的地區。較吉野櫻更早開花，宣告春天的到來。日文名稱「拳頭」的由來是因為果實形似握緊的拳頭。樹皮平滑偏白。

90%

紫玉蘭的花是
深紫色，花瓣
6片（4/15）

← **紫玉蘭** 街

Magnolia liliiflora

木蘭科 / 小喬木 / 原產於中國

種植在院子、公園、寺院裡，也可稱
為「木蘭」。一般樹高在 3m 左右，
是灌木。還有與玉蘭雜交的二喬木蘭
（*Magnolia × soulangeana*）等眾多
的栽培品種。

葉子類似日本
辛夷但較大，
有明顯的波狀
葉緣

葉端是圓
形內凹

葉子質
感偏硬

90%

→ **星花木蘭** 暖 寒 街

Magnolia stellata

木蘭科 / 小喬木 / 日本東海地方

自生的區域僅限愛知縣附近的溼
地等地方，不過因為花漂亮，因
此被人工種植在各地的院子和公
園裡，也有許多栽培品種。也稱
為四手辛夷，葉子和樹高均較日
本辛夷更小。

星花木蘭的花是
白色～粉紅色，
花瓣有 12 ～ 20
片（3/31）

花芽

辨識重點 十分類似的木蘭科烏心石（P.185）是常綠，柳葉木蘭（P.68）的葉子很細，花下沒
有葉子。

葉子較日本辛夷、紫玉蘭更大，且明顯偏圓，沒有波狀葉緣

葉端短且突出

← 玉蘭 街

Magnolia denudata

木蘭科／喬木／原產於中國

經常種植在院子或公園裡。與紫玉蘭不同種，花是白色，樹高可達 10m 左右，葉子是大型葉。花瓣比日本辛夷更多，有重量感。

玉蘭的花。花瓣有 9 片，花下沒有葉子（4/5）

葉脈下凹且有些明顯

90%

90%

葉子基部有繞莖一圈的線

➡ 臭常山 寒 暖

芸香科。揉捏葉子就會發出特有的強烈香氣。→ P.69

莖上沒有一圈圈的線條

臭常山的果實。成熟後就會裂開噴出種子（10/25）

90%

葉背稍微偏白，葉脈上有褐色的毛

泡泡果的花是黑紫色（4/27）

➡ **泡泡果**街

Asimina triloba

番荔枝科 / 小喬木 / 原產於北美
會結出類似木通的可食用果實，因此在日本也稱為小木通。罕見的庭園樹木。葉子較木蘭類植物更長更大。

莖上沒有一圈圈的線條

🖉小知識　與木蘭科同樣在莖上會留下一圈托葉痕的植物，有桑科榕屬的無花果（P.217）和假枇杷（P.116）。

細長葉 1

麻櫟、茅栗、桃等

這一頁將介紹細長葉之中互生且有鋸齒的植物。雜樹林的代表種**麻櫟**、**茅栗**、**栓皮櫟**，特徵是葉子有粗鋸齒，不過還不熟悉時，只看葉子很難分辨，因此也要看看樹皮和冬芽。

葉子變黃的年輕麻櫟林（12/3）

茅栗在夏初會開白花（6/15）

鋸齒的齒尖缺少葉綠素，所以是淺色，並且呈線狀延伸

70%

葉背少毛，是淺綠色

背面

葉背有微毛，比麻櫟的更白

背面

鋸齒到齒尖都是綠色。葉子大小變異很大

70%

麻櫟在春天萌芽的同時開花（4/27）

冬芽是茅栗果實的形狀

⬆ 茅栗 寒 暖

Castanea crenata

殼斗科／喬木／日本北海道～九州

零星分布在山地～低地，也經常當作果樹種植在深山裡。除了果實與花之外，與麻櫟十分類似，不過可根據鋸齒、葉背、冬芽、樹皮的差異分辨兩者。

➡ 麻櫟 暖

冬芽細長尖銳

Quercus acutissima

殼斗科／喬木／日本本州～九州、臺灣

多數生長在低地～丘陵的深山裡，也經常與思茅櫧櫟混雜生長。多半為了當作香菇的培養木使用而整片人工種植。橡實又圓又大，樹液可吸引獨角仙聚集。

背面

栓皮櫟的果實與麻
櫟相似（10/9）

葉形寬度多
半較麻櫟寬
且較圓

葉背密生白
色的細毛

◀ 栓皮櫟 暖

Quercus variabilis

**殼斗科／喬木／日本中部
地方～九州、臺灣**

通常生長在西日本的低
地～山地。與麻櫟十分相
似，因此經常混淆，不過
栓皮櫟的葉背是白色，樹
皮有發達的木栓層，可分
辨兩者不同。日文別名是
木栓麻櫟。

比較樹皮看看

茅栗有縱向長形裂
口，有類似思茅櫧櫟
的平滑面殘留

麻櫟是縱向深刻的裂
口，沒有平滑面

栓皮櫟是木栓質地，
用手指一壓有彈性

🐾辨識重點　麻櫟和栓皮櫟的樹皮可用有無彈性簡單區分。茅栗的年輕樹皮是紫褐色且平滑。

背面

← 李

Prunus salicina

薔薇科 / 小喬木 / 原產於中國、臺灣

當作果樹種植在院子或田裡，英文名稱又叫 Plum。春天開花，與梅花、櫻花類似所以醒目。果實可參考 P.101。樹皮有橫紋與縱向裂口。

李花是白色且有柄，一處會長多株花（4/2）

葉端較中央更寬。鋸齒鈍且短

80%

側脈朝葉端稍微彎曲伸長

葉子愈嫩，正反兩面的絹毛愈多

葉背的葉脈旁等處邊有毛

80%

背面

桃花是桃紅色，無柄，花萼有毛密生（4/6）

↓ 桃

Amygdalus persica

薔薇科 / 小喬木 / 原產於中國

當作果樹或花樹種植在院子或田裡。樹皮類似櫻，有橫紋。果實可參考 P.101。重瓣的栽培品種無法結果，稱為花桃。

托葉通常很醒目

80%

細柱柳的雄花。花蕾有銀毛覆蓋，使人聯想到貓尾巴（3/14）

最大葉寬的位置不一定

正反兩面均無毛

↑ 細柱柳 寒 暖 街

Salix gracilistyla

楊柳科 / 灌木 / 日本北海道～九州

生長在河邊，像是要遮蓋河水般，多半出現在河川中游。樹幹經常有些匍匐，樹高約 1～2m。春初會長出有特色的花，也當作庭園樹木或花瓶的花材。

200%

冬芽有毛密生

有疣狀的花外蜜腺

← 垂枝櫻 街

Cerasus spachiana

薔薇科 / 喬木 / 園藝種

偶爾生長在山地的江戶彼岸櫻園藝種，特徵是樹枝下垂。日文別名糸櫻。經常種植在院子、公園、寺院，也有許多栽培品種，如：重瓣的八重紅枝垂等。江戶彼岸櫻只有樹枝不下垂，其他都一樣。

80%

背面

側脈多數並列

200%

垂枝櫻的花是淺粉紅色，花萼有毛且膨脹成圓形（4/1）

垂枝櫻的樹形

葉背、葉柄、冬芽有許多褐色的毛

葉身基部有花外蜜腺，不過也有很多葉子沒有

正反兩面無毛，表面略有光澤

80%

背面

→ 三蕊柳 寒 暖

Salix triandra

楊柳科 / 小喬木 / 日本北海道～九州

生長在河濱等水邊，多半出現在中下游流域，通常是群生。與細柱柳不同，莖葉均無毛，樹幹直立，樹高可達 3 ～ 6m 左右。

三蕊柳的花序是淺黃色且細長（4/16）

葉背是綠白色。十分類似的長柱柳、白皮柳則是純白色

🍃 辨識重點　垂枝櫻與江戶彼岸櫻是同種，有櫻亞屬所沒有的樹皮縱裂特徵。

細長葉 2

楊柳科、遼東水蠟樹、金絲梅等

P.54 ～ 55 是葉子特別細長且有鋸齒的**楊柳科**，P.56 ～ 57 則是其他全緣葉。楊柳科多數具有細長葉且生長在水邊，在日本約有三十種以上，且雜交種眾多，多半很難正確分辨。

生長在河濱的季氏宮部柳

↓ 龍江柳

Salix udensis

楊柳科 / 喬木 / 日本北海道、本州、四國

個體數量尤其以北日本為多，經常生長在河濱或山地河谷沿岸。有時也會生長在稜脊（日文是尾根）上，因此日文名稱是尾上柳。

龍江柳的果實。楊柳科的果實有白色綿毛包覆並隨風飛舞（6/6）

季氏宮部柳的雄花。花序長 3 ～ 6cm（4/2）

背面

葉背的葉脈隆起，多伏毛。與之十分類似的絹柳則是葉背如絹絲般有強烈光澤

90%

90%

背面

嫩莖與嫩葉是正反兩面多毛，成葉則幾乎無毛

鋸齒淺且鈍，有時近乎全緣

↑ 季氏宮部柳

Salix miyabeana

楊柳科 / 小喬木 / 日本北海道、本州

經常生長在河濱或湖畔，通常是群生。樹高一般大約 3m。葉子是葉端較中央寬，這是與其他種最大的不同。

表面的葉脈凹下，且皺紋醒目

垂柳枝條下垂的樹形最
為人熟知,因此容易分
辨。

90%

正反兩面
均無毛

背面

有成排的
細鋸齒

背面

白柳的葉子。葉背白且
整體有毛。白皮柳幾乎
無毛。分布在西日本、
十分類似的吉野柳葉背
面則是淺綠色

90%

← 垂柳 街🌿生鋸齒

Salix babylonica

楊柳科 / 喬木 / 原產於中國
楊柳科的代表種,枝長且下垂,
葉子非常細長,因此容易分辨。
種植在水邊、公園或街道上,偶
爾會在河濱等環境野生化。

白皮柳夏初的樹形。枝
條不下垂(4/22)

← 白皮柳 寒暖🌿生鋸齒

Salix dolichostyla

楊柳科 / 喬木 / 日本北海道～近畿
生長在低地～山地的河濱或湖畔,也
會長成大樹。葉子與垂柳類似,不
過枝條沒有下垂。花序很短,長約
2cm。北日本的白皮柳葉子細長,稱
為亞種白柳。

100%

葉子無毛且光澤較遠東水蠟樹強烈，葉端尖銳

➡ 安石榴

Punica granatum

千屈菜科 / 小喬木 / 原產於西亞
種植在院子裡當作果樹或花樹。橘色果實直徑約5cm，果實裡有許多種子，因此象徵多子多孫。樹皮有不規則的剝落，有時彎彎曲曲。

葉子多半叢生在短莖上，莖頭有刺

安石榴的花。也有雙重花瓣的花和白花（6/23）

50%

背面

100%

金絲桃與金絲梅都是半常綠樹，冬天仍會殘留部分變紅的葉子

➡ 席博氏假枇杷

假枇杷的品種，葉子細，除了葉形之外均與假枇杷相同。
→ P.116

金絲桃花的雄蕊很長（6/8）

⬅ 金絲桃

Hypericum monogynum

金絲桃科 / 灌木 / 原產於中國、臺灣
種植在院子或公園當作綠籬等。與金絲梅類似，不過葉子更長，十字對生，枝條沒有下垂。日文名稱取名為末央柳，是因為花很美，且葉子細如柳樹。

無葉柄

年輕的果實。成熟之
後會變成黑紫色

100%

暖 寒 對生 全緣

➡ 遼東水蠟樹

Ligustrum obtusifolium

木犀科 / 灌木 / 日本北海道～九州

生長在低地～山林裡。稱之為水蠟
樹,是因為人類從附著在這種樹上的
介殼蟲採蠟,製作去疣藥。當作庭院
樹木的多半是原產於中國、關係相近
的樹種(歐洲女貞)。

遼東水蠟樹的
花(5/28)

背面

葉端呈圓形。
生長在深山裡
的山女貞葉端
則是尖的

葉背的毛量
情況不一

正反兩面
有伏毛

100%

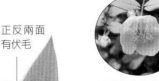

金絲梅的花類似梅
花,且因為雄蕊
多,因此取名為金
絲梅(6/19)

背面

100%

強烈彎曲
的側脈是
特徵

葉背帶粉白
色,側脈不
顯。大輪金
絲梅則是側
脈明顯。

背面

結香的花聚集
成球狀(4/1)

街 對生 全緣

⬅ 結香

Edgeworthia chrysantha

瑞香科 / 灌木 / 原產於中國

樹皮牢固,因此栽種來當作日
本和紙的原料,在杉樹林等處
也可看到野生化的結香。也種
來當作庭園樹木,還有紅花的
栽培品種。枝一定會分支成三
枝。

街 對生 全緣

⬆ 金絲梅

Hypericum patulum

金絲桃科 / 小灌木 / 原產於中國

當作庭園樹木。樹高約 1m,莖帶
紅色,長且下垂,葉子水平排列。
近年來多半人工繁殖花朵較大的
相似園藝種大輪金絲梅。

57

小型葉（互生）

珍珠繡線菊、繡線菊屬、日本小檗等

薔薇科**繡線菊屬**（*Spiraea*）在日本約有 13 種，葉子約在 4cm 以下，偏小，日常生活中可觀察到人工種植的**珍珠繡線菊、麻葉繡線菊、粉花繡線菊、笑靨花**等。**日本小檗**和枸杞是完全不同的夥伴，但杓形葉叢生這點相似。

盛開的珍珠繡線菊（4/2）

葉子一般是菱形，葉端的一半有重鋸齒

100%

背面

葉背無毛且是青白色。葉形多有例外，也有很細的葉形。

麻葉繡線菊的花是半球形花序（5/5）

街 〈鋸齒

← 麻葉繡線菊

Spiraea cantoniensis

薔薇科 / 灌木 / 原產於中國
種植在院子或公園裡。與珍珠繡線菊類似，但花是長成球狀，且葉子較寬。

葉端圓

稍罕見樹木

街 寒 暖 〈鋸齒

↓ 粉花繡線菊

Spiraea japonica

薔薇科 / 灌木 / 日本本州～九州
樹高 1m 以下，種植在院子或花壇，白花、黃金葉等栽培品種很多。也自生在明亮的原野等處，不過自生個體很罕見。

← 笑靨花 街 〈鋸齒

Spiraea prunifolia

薔薇科 / 灌木 / 原產於中國、臺灣
與珍珠繡線菊類似，但花是雙重花瓣，葉形圓且光澤明顯。很少當作庭院樹木種植。

100%

日文名稱叫「蜆花」是因為花形看起來像蜆（4/22）

100%

葉子是長卵形，不過寬窄和毛的多寡沒有一定

粉花繡線菊的花是粉紅色，夏天開花（9/28）

→ 珍珠繡線菊 街 暖 〈鋸齒細〉

Spiraea thunbergii

薔薇科 / 灌木 / 日本本州～九州
種植在院子或公園裡，有時生長在河岸邊。也有說法認為原產於中國。特徵是開著白花的模樣就像白雪落在長枝上，以及葉子細如柳。

100%

背面

珍珠繡線菊的花。
還有粉紅色的栽培
品種（3/9）

葉背是淺綠色，
葉脈上有細毛。
葉子的寬窄偶有
例外

葉子一般都是
相當細長，且
鋸齒細

↓ 枸杞 暖 寒 街 (全緣)

Lycium chinense

茄科 / 灌木 / 日本北海道～沖繩、臺灣
原產於中國，人工栽培用來食用果實與藥用，不過也在河濱、海岸、林緣等處野生化。花是紫色，夏天開。

日本小蘗的果實。
莖上有多刺的稜脊
（縱線）（11/2）

100%

葉子是獨特的
抹刀狀，且叢
生在短莖上

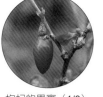

枸杞的果實（1/8）

葉子較日本小蘗
大，且有草本植物
的性質，叢生在短
莖上。莖有時有刺

↑ 日本小蘗 寒 暖 街 (全緣)

Berberis thunbergii

小蘗科 / 灌木 / 日本本州～九州
生長在山地～丘陵的林地。有時也當作庭院樹木種植，也有葉子是紅紫色的栽培品種。枝葉當作眼藥使用。花是淺黃色，春天開。

100%

小型葉（對生）

六道木屬、小葉八仙花類、細柄忍冬

日文名稱有「空木」的樹種很多，其中忍冬科**六道木屬**（*Abelia*）與八仙花科八仙花屬（*Hydrangea*）的**小葉八仙花類**，特徵都是葉子小。十分類似的**細柄忍冬**則是全緣葉，因此能夠區分。

細柄忍冬在春天會垂掛著粉紅色的花（4/1）。果實可食用（5/22）

100%

萼片

大花六道木的花。萼片有 2～5 個（7/29）

無鋸齒

100%

一般的細柄忍冬是兩面無毛

年輕果實

葉背帶白色

背面

葉子的顏色較其他樹種深，光澤明顯。鋸齒淺

生氣蓬勃的莖上連著圓盤狀的葉柄基部

⬆ 大花六道木 街 鑑

Abelia × *grandiflora*

忍冬科 / 灌木 / 園藝種

利用中國產的樹種打造的雜交種，經常種植在院子、公園、街道上。屬於半常綠樹，因此冬天也會留下一半的葉子。在夏初～秋天開花，是白色～淺粉紅色。和名是花衝羽根空木。

⬆ 細柄忍冬 寒 暖 全種

Lonicera gracilipes

忍冬科 / 灌木 / 日本北海道～九州

生長在低地～山林裡。樹高約 **1m**。日文名稱叫「鶯神樂」是因為黃鶯在這種樹上飛跳。枝葉和花柄有毛的，是變種的山鶯神樂（*Lonicera gracilipes* var. *gracilipes*）。

鋸齒明顯

100%

略醒目的
三條葉脈

← 溫州雙六道木

Abelia spathulata

忍冬科 / 灌木 / 日本本州～九州

生長在丘陵～山林裡。花一般是白
色。日文名稱「衝羽根空木」的由來，
是因為萼片形狀類似羽子板（類似羽
毛球拍的木製日本童玩）的羽毛，而
且莖有空洞。西日本有很多與之類似
的黃花雙六道木，葉子略細，鋸齒不
顯，花一般是淺黃色。

溫州雙六道木的
花。萼片有5個
（4/28）

→ 黃脈八仙花

Hydrangea luteovenosa

八仙花科 / 灌木 / 日本東海～九州

生長在西日本的低地～山林裡。葉子
和花都較小葉八仙花小型，但個體數
多，因此開花期很醒目。

黃脈八仙花的
花。裝飾花的
萼片有3～4
個（5/13）

表面有獨特
的金屬光澤

100%

鋸齒略粗

莖是紫
褐色

背面

100%

背面

葉脈的分支點
有白毛聚集

表面有霧色的
光澤。鋸齒淺

小葉八仙花的花。
裝飾花的萼片有3
個（5/29）

← 小葉八仙花

Hydrangea scandens

八仙花科 / 灌木 / 日本關東～近畿、四國、九州

生長在山地～丘陵的潮溼場所。是繡
球花的夥伴，裝飾花像畫框般環繞，因此日文名稱叫「額
空木」（額是畫框的意思）。葉子有深藍色光澤，
因此日文別名是「紺照木」（紺是深藍色的意
思）。

葉背有金屬光澤
胡頹子科等

葉背有魚鱗狀的毛（鱗狀毛）密生，且有銀色～金色的金屬光澤的話，就能夠判斷這是**胡頹子科**的樹木。胡頹子科的葉子互生，全緣，嫩葉表面、嫩莖、花、果實多有鱗狀毛。P.64 也一併介紹常綠的胡頹子科植物。

大果木半夏的大型果實長 2～3cm（6/5）

木半夏的花。胡頹子科植物的花都是白色～淺黃色（4/10）

嫩葉表面也有鱗狀毛或星狀毛，不過會漸漸消失

100%

← 木半夏 寒 暖 街

Elaeagnus multiflora

胡頹子科 / 小喬木 / 日本北海道～近畿
生長在丘陵～山地稜脊、原野上，也當作庭院樹木種植。果實長度不到 2cm，呈橢圓形，夏初成熟。樹高約 2～6m。

葉背密生著銀色的鱗狀毛，也有褐色的鱗狀毛零星分布

背面

背面
100%

與小葉胡頹子相比，莖上有較多的褐色鱗狀毛

葉子比木半夏大一圈

鱗狀毛的放大圖。可看出是扁平的圓形

400%

→ 大果木半夏 街

Elaeagnus multiflora var. *gigantea*

胡頹子科 / 灌木 / 園藝種
從木半夏改良的變種，果實大到驚人，是當作庭園樹木的胡頹子科之中最普遍的植物。

100%

背面

愈嫩的葉子表面愈多鱗狀毛，看起來是青白色

嫩莖是白色

葉形有例外，通常是細葉較多，不過也有寬葉

背面

葉背有很多銀白色的鱗狀毛，也攙雜少量褐色鱗狀毛

小葉胡頹子的果實是直徑不到 1cm 的球形（12/27）

↑ **小葉胡頹子** 寒 暖 街

Elaeagnus umbellata

胡頹子科 / 灌木 / 日本北海道～九州

生長在海岸～山地，也會基於綠化用途人工種植在道路擋土牆或海岸。有時當作庭院樹木、公園樹。與木半夏相比較多銀白色鱗狀毛，葉細，果實在秋天成熟。

胡頹子科植物有許多種類

日本有十六種自生的胡頹子科樹木，不過日常生活中能夠看到的大約是所介紹的這五種。其他還包括廣布在山地的山胡頹子、馬特胡頹子（箱根胡頹子）、葛城胡頹子、有馬胡頹子、久萬山胡頹子、屋久島胡頹子、琉球鶴胡頹子等，日文名稱冠上地名的胡頹子科樹木分布在各地。

葉緣有明顯波狀

50%

背面

山胡頹子的葉子

✏小知識 胡頹子科的果實都有甜味，可食用，但是小葉胡頹子和藤胡頹子的果實澀味強烈，木半夏的果實很美味。

→ # 胡頹子 暖 街

Elaeagnus pungens

胡頹子科 / 灌木 / 日本東海～九州

生長在海岸和常綠樹林裡。也種植當作庭院樹木或綠籬，在關東有時有野生化的情況。果實在插秧的夏初成熟。

葉子質感偏硬，有波狀緣，樣子獨特

100%

背面

葉背有偏白的鱗狀毛攙雜褐色鱗狀毛。是胡頹子科樹木之中，葉背沒有光澤的例外

莖有時會長出刺

胡頹子的果實（5/15）

這是常綠樹

成葉表面無毛

背面

葉背密生著紅褐色和銀色的鱗狀毛，顏色深淺不一

← # 藤胡頹子 暖

Elaeagnus glabra

胡頹子科 / 蔓生植物 / 日本本州～沖繩、臺灣

生長在常綠樹林裡，利用刺狀的小莖依附其他樹木生長，能夠爬到 3 ～ 10m 高。葉子類似栲屬樹木的長卵形，葉背有明顯金色光澤是其特徵。

這是常綠樹

100%

莖上密生著紅褐色的鱗狀毛

藤胡頹子的果實在夏初成熟（5/14）

這是常綠樹

100%

背面

葉背有許多銀色鱗狀毛，也攙雜少量褐色鱗狀毛

葉柄和莖密生著褐色鱗狀毛

提到葉背是金色的話

除了胡頹子科之外，葉背有金屬光澤的樹木包括長椎栲、尖葉栲等栲屬樹木（P.170）、日本石櫟（P.158）等。但是這些都沒有鱗狀毛或鱗狀毛不顯，因此能夠區分。另外，沖繩有類似胡頹子科樹木且有鱗狀毛的裏白巴豆（大戟科）分布。

仰望栲屬樹木的樹冠，能夠看到帶金色，就是其特徵。

↑ 大葉胡頹子 暖

Elaeagnus macrophylla

胡頹子科 / 灌木 / 日本本州～沖繩
生長在海岸附近的常綠樹林，枝略呈藤蔓狀伸長。一如名稱所示，它的葉子是胡頹子科中最大最圓者，因此容易分辨。也稱為圓葉胡頹子。

大葉胡頹子的花。嫩葉表面也有很多鱗狀毛（12/19）

小知識 常綠的胡頹子科樹木全都是在秋天開花，春～夏初果實成熟。也有三種樹自然形成的雜交種。

有香氣的葉子

釣樟屬、臭常山、胡麻莢蒾等

即使葉子外觀平凡，撕碎嗅聞氣味，也多半能夠區分樹種。尤其是**樟科**、**芸香科**的所有樹種都有別具特色的香氣，因此要事先記住。**海州常山**、**胡麻莢蒾**的香氣強烈，只碰到葉子也有味道。

繖花釣樟的黃葉和果實（10/24）。
花與莖（4/5）

山胡椒的花也當作插花的花材（3/17）

← 山胡椒

Litsea cubeba

樟科 / 小喬木 / 日本東海～九州、臺灣

原有的自生種是以九州為中心，在其他地區則可見到當作庭院樹木或野生化的樹木。生長在明亮的林緣等地方，秋天的黃葉很美。

背面

撕碎就會產生類似檸檬的香氣

稍罕見樹木

90%

90%

山胡椒的葉子給人長且葉端尖銳的印象

大果山胡椒的果實。成熟後會裂開（9/30）

葉柄長，有時帶紅色

背面

撕碎葉子就會產生刺鼻香氣。葉背帶白色

→ 大果山胡椒

Lindera praecox

樟科 / 灌木 / 日本本州～九州

多半生長在山地～丘陵的潮溼場所，且多數都是細樹幹，因此也稱為「連根多幹叢生」。日文名稱叫「油瀝青」是因為果實和樹皮多油；又因為日文發音類似「油茶」，因此也有一說認為其果實與茶樹的類似。

葉子不會聚集在莖端莖是褐色

90%

背面

➡ **繖花釣樟**

Lindera umbellata

樟科 / 灌木 / 日本北海道～九州

經常生長在山地～丘陵的林地裡。
莖是綠色，有被人畫上去般的黑
色花樣。靠日本海一側的繖花釣
樟葉子較大，變種稱為大葉繖花
釣樟。

撕碎莖葉就
會產生清爽
的香氣

葉子群聚生
長在莖端

莖帶綠色

葉芽

冬芽
100%

花芽

90%

殘留在樹枝上的
白葉釣樟枯葉
（12/28）

➡ **白葉釣樟**

Lindera glauca

**樟科 / 灌木 / 日本關東～九
州、臺灣**

零星分布在丘陵～山林裡。秋
天葉子會變成橘色，冬天枯葉
仍多數留在枝頭，相當醒目。
因為其葉子香氣，因此日文名
稱叫「山香」，但是氣味比起
繖花釣樟較不好聞。

葉子質感偏
硬，有光澤

莖是褐色，
葉柄短

稍罕見
樹木

← 鐵釘樹 暖 寒 ◣生 (全緣)

Lindera erythrocarpa

樟科 / 喬木 / 日本中部地方～九州、臺灣
生長在西日本的山稜等處，雖是繖花釣樟的
夥伴，但樹高可達 10m。樹皮會剝落成類似
鹿的斑點，因此日文名稱叫「金釘木」（注：
兩者的日文發音類似）。果實是紅色。

柳葉木蘭的
花（3/28）

—— 葉端寬的細長葉
形是其特徵。一
撕碎就會產生刺
鼻的香氣

80%

→ 柳葉木蘭 寒 ◣生 (全緣)

Magnolia salicifolia

木蘭科 / 喬木 / 日本本州～九州
生長在山地的殼斗科樹林等地，在
多雪的地區是灌木狀。春天有類似
日本辛夷（P.46）的花，很醒目。
日文名稱「囓柴」是來自於咬下很
香的莖（柴）的意思。

80%

背面

葉背帶
白色

稍罕見
樹木

葉子幾乎沒有香
氣，不過一咬莖就
會散發薄荷香氣

50%

小樹多有鋸
齒葉，成樹
則是全緣葉

→ 海州常山 暖 寒 對生 (全緣)(鋸齒)

一揉捏葉子就會產生有點臭的強烈氣
味。→ P.23

背面

下凹的側脈多數並列且醒目

70%

稍罕見
樹木

← 胡麻莢蒾

Viburnum sieboldii

五福花科 / 小喬木 / 日本本州～九州

生長在山地～丘陵的川邊、山稜處。莢蒾（P.31）的夥伴，葉子長，不過生長在靠日本海一側的個體葉子會變寬。一如名稱所示，揉捏葉子會產生強烈的芝麻香氣。

胡麻莢蒾的年輕果實。成熟後會從紅色變成黑色（6/20）

葉端寬，一揉捏就會有類似薄荷的強烈香氣

50%

背面

莖的左右各有兩片葉子互生是其特徵，也稱為臭常山型葉序

→ 臭常山

Orixa japonica

芸香科 / 灌木 / 日本本州～九州

生長在山地～丘陵谷地邊，在關東尤其多，經常群生。葉子略有臭味；因為個頭比海州常山（日文名稱「臭木」）小，因此日文名稱是「小臭木」。果實可參考P.48。

✎小知識　臭常山型葉序的其他樹木還有紫薇（P.70）、日本鼠李（P.93）、藪肉桂（P.139）等。

樹皮很有特色的樹木
紫薇、紅山紫莖、白樺等

即使葉子外觀平凡，只要遇到樹皮有斑紋者、有特殊色者，有時只看樹皮也能夠分辨。但是，樹皮的個體差異甚大，而且年輕樹木不易表現出特徵，因此配合葉子辨識很重要。

紫薇的樹形與花（9/10）

⬇ 紫薇 街 ⛅ 🌱 對生 ⛏

Lagerstroemia indica

千屈菜科 / 小喬木 / 原產於中國、臺灣

種植在院子、寺院、街道、公園等地方。日文名稱叫「猿滑」是因為樹幹平滑到猴子也會滑下來。樹皮是淺褐色～橘色，樹齡愈高，樹皮愈有光澤。伸長的莖會長紅色、紅色或白色的花，開花期很長，從夏天開到秋天，因此也稱為「百日紅」。

葉端圓或下凹，略尖

50%

互生與對生摻半。葉柄極短

多半滑溜且有細溝

➡ 九芎 街 暖 ⛅ 🌱 對生 ⛏

Lagerstroemia subcostata

千屈菜科 / 喬木 / 日本屋久島～奄美群島、臺灣

葉子、果實、樹高都比紫薇更大更高，樹皮攙雜許多白色斑點是其特徵。花一般是白色，不過也有與紫薇的雜交種。日文名稱叫「島猿滑」是因為自生在南方島嶼上；關東以南有時種植在院子或公園裡。

白色部分比紫薇更醒目

與紫薇不同，葉端稍微伸長、尖銳

50%

↓ 紅山紫莖 寒 街 🌱 🌿

Stewartia pseudocamellia

茶科 / 小喬木 / 日本東北南部～九州

生長在山地的殼斗科樹林等地方，是山茶的夥伴，六～七月開花，因此日文名稱叫「夏山茶」。樹皮有橘色、膚色或褐色的斑點，也是很受歡迎的庭院樹木。被當作是佛教聖樹娑羅雙樹，因此別名是娑羅樹，也種植在寺院裡。

紅山紫莖的花直徑 5～6cm，是純潔的白色（7/19）

斑點花樣尤其漂亮

50%

葉脈下凹且明顯

葉緣有鈍且淺的鋸齒

↓ 合蕊紫莖 寒 街 🌱 🌿

Stewartia monadelpha

茶科 / 喬木 / 日本關東～近畿、四國、九州

類似紅山紫莖（娑羅樹），但花、果實、葉子較小，因此日文名稱叫「公主娑羅樹」。樹皮的剝落比紅山紫莖更細，橘色顯眼，樹齡愈高，光澤愈顯。通常種植在院子或公園裡，自生地有限，多半分布在富士、箱根、伊豆等的山地。

橘色又有斑點花樣很少見

葉子比紅山紫莖更細且葉端更尖

葉緣有鈍且淺的鋸齒

果實 100%

50%

背面

↓ 白樺 寒 街 生 鋸齒

Betula platyphylla

樺木科 / 喬木 / 日本北海道～本州中部

生長在高原的牧場四周或山地明亮的森林裡，也會群生。雪白的樹幹很美，容易分辨。樹皮會橫向剝落薄薄一層，形成ㄟ字形的紋路。會當作庭院樹木或公園樹種植，不過東京等溫暖地區較常種植原產於喜馬拉雅山的關係相近樹種白皮糙皮樺（*Betula utilis* 'Jaquemontii'）。

樹枝脫落的痕跡形成ㄟ字形

葉緣有粗鋸齒

側脈有 5 ～ 8 對

50%

白樺的行道樹

→ 岳樺 寒 生 鋸齒

Betula ermanii

樺木科 / 喬木 / 日本北海道～本州中部、四國

類似白樺，但樹皮帶橘色～粉紅色，也沒有ㄟ字形紋路。生長在山地～高山，多半在日本阿爾卑斯山等海拔 2000m 等級的山區。岳樺和白樺都有漂亮的黃葉。

樹皮是帶橘色的白色

側脈有 7 ～ 15 對，比白樺更多

50%

與白樺相比，葉基有點內凹成心形

➡ 髭脈椴葉樹

Clethra barbinervis

椴葉樹科 / 小喬木 / 日本北海道～九州

生長在矮山～山地稜線、松樹林。樹皮呈魚鱗狀剝落，變成白色或褐色的斑駁花樣，不過也有些樹剝落的樣子不漂亮（P.11）。嫩葉可食用，過去曾推出髭脈椴葉樹的植栽，可當作緊急糧食。

葉緣有尖銳的鋸齒。形狀是葉端寬

50%

葉柄和主脈多半帶紅色。葉子集中著生在莖端

白色斑點花樣很醒目

髭脈椴葉樹的花。據說因為樣子像龍的尾巴，所以日文名稱發音類似龍尾（6/21）

➡ 中國海棠

Chaenomeles sinensis

薔薇科 / 小喬木 / 原產於中國

平安時代（七九四年－一一九二年）傳到日本的果樹。果實硬，無法生吃，不過香氣佳，被用來釀造水果酒或當作止咳偏方。春天會開粉紅色的可愛花朵。樹幹有綠色和褐色的斑駁花樣，也多半會縱向扭曲。

50%

葉緣有細針狀的鋸齒

中國海棠的果實長約10cm（10/31）

樹皮帶綠色，斑駁剝落

還有其他

⬆ 梧桐→ P.202

⬆ 鹿皮斑木薑子→ P.156

⬆ 黃土樹→ P.131

⬆ 紅脈槭→ P.194

📒小知識　樹皮是白色的白樺、橘色的合蕊紫莖、綠色的梧桐（P.205）並稱樹幹最美的三種樹。

平行側脈醒目的葉子1

榆科、大麻科

櫸、糙葉樹、朴樹就是所謂的普通葉形，也是日常生活隨處可見的代表樹種。尤其是櫸和糙葉樹，多條平行排列的側脈格外醒目，扇形的樹形也很相似。**黑榆**多半分布在寒冷地區，**榔榆**則分布在西日本的溫暖地區。

種植在公園裡的櫸（7/15）

糙葉樹的果實。味道類似柿餅，可食用（12/5）

← 糙葉樹 暖

Aphananthe aspera

大麻科／喬木／日本關東～九州、臺灣

生長在低地的林緣或河川沿岸等地。小樹多半生長在院子或路邊。類似櫸，但鋸齒、葉脈、樹皮不同。果實經常是灰椋等鳥類的食物。

100%

100%

表面粗糙，乾掉的葉子可當作砂紙使用

鋸齒比櫸更犀利

與櫸不同，葉基的側脈長長延伸，向外側分支

➡ 榔榆 (暖)(街)

Ulmus parvifolia

榆科 / 小喬木 / 日本東海～九州、臺灣

生長在西日本河川沿岸與海岸，也種植在街道或公園裡。秋天會開樸素的花。樹皮比櫸更容易剝落。

鋸齒不圓滑

100%

背面

葉子在小喬木以上的樹種中是最小，左右不對稱。表面粗糙

鋸齒呈獨特的圓弧型

⬅ 櫸 (寒)(暖)(街)

Zelkova serrata

榆科 / 喬木 / 日本本州～九州、臺灣

生長在低地～山地雜樹林或山谷沿岸，也經常種植在街道或公園裡。扇形的樹形很美，也有樹高達 30m 以上的大樹。魚鱗狀剝落的樹皮是其特徵，木材是家具和木工品的珍貴原料。

背面

櫸的果實不可食用（10/24）

75

葉端只有一半有
鋸齒是其特徵

100%

與櫸、糙葉樹相
比，側脈較少

分成三條的
葉脈很明顯

朴樹到了秋天會結
橘色～紅色的果
實，可食用（10/4）

◆ **朴樹** 暖 街

Celtis sinensis

**大麻科／喬木／日本本州～九
州、臺灣**

經常生長在身邊的山野裡，也多
半出現在林緣、路旁、河邊等地
方，在公園和寺院也可見到。樹
形比起櫸、糙葉樹更偏圓形。日
本國蝶大紫蛺蝶、日本擬斑脈蛺
蝶的食物。

有大小雙重的
重鋸齒

100%

葉端的寬度
比中央更大

背面

➡ **黑榆** 寒 暖 街

Ulmus davidiana

榆科／喬木／日本北海道～九州

多半在北日本和九州，生長在山地山
谷沿岸和溼地，也種植在公園和街道
上。樹皮有縱向裂口，能夠長成大樹。
在春天發芽之前，會開出沒有花瓣的
樸素花朵。

葉形左右不對稱

比較樹皮看看

糙葉樹的樹皮。一開始有白色縱向線條，老樹的樹皮會縱向龜裂。

欅的樹皮。年輕的樹是灰色且平滑，隨著樹齡漸增，就會形成魚鱗狀的剝落。

朴樹的樹皮沒有裂口，表面像沙子般粗糙。

櫸榆的樹皮。魚鱗狀剝落，形成斑駁的花樣。

有時有不規則的 2～5 裂，像角一樣突出

稍罕見樹木

50%

—— 葉柄極短

↑ **裂葉榆** 寒

Ulmus laciniata

榆科 / 喬木 / 日本北海道～九州

生長在山地山谷沿岸和溼地。與十分類似的黑榆混生，不過摻雜著葉端有獨特形狀缺刻的葉子是其特徵。日文名稱來自北海道原住民愛奴人的愛奴語。

葉子相似的其他夥伴

棣棠花 暖 寒 街

Kerria japonica

薔薇科 / 灌木 / 日本本州～九州

這是葉與糙葉樹相似，卻完全不同種的其他夥伴。生長在山野林緣，樹高 1～2m，會長出許多細樹幹。雙重花瓣的品種重瓣棣棠花被當作庭院樹木。十分相似的白棣棠花（雞麻）也被當作庭院樹木，西日本極少有自生的白棣棠花（雞麻）。

60%

有大小雙重的重鋸齒

棣棠花的花是美麗的山吹色（鮮豔帶紅的黃色）。花瓣有 5 片。葉子互生（4/15）

白棣棠花（雞麻）的花瓣有 4 片。葉子是對生（4/10）

小知識 糙葉樹、朴樹過去被分類在榆科，不過經過 APG 分類系統的 DNA 分析之後，納入新的大麻科。

平行側脈醒目的葉子2

樺木科

樺木科的葉子是蛋形，且與欅（P.75）類似，不過有細細的重鋸齒是其特徵。**千金榆屬**（*Carpinus*）、**赤楊屬**（*Alnus*）在我們身邊的森林裡都能看見，這些樹都會在萌芽之前垂下穗狀的花。

疏花千金榆的連根多幹樹形。下面是花（4/5）

90%

葉端短

側脈之間和葉柄有許多白毛

← 昌化千金榆 暖 寒

Carpinus tschonoskii

樺木科 / 喬木 / 日本本州～九州

生長在低地～山林裡。千金榆屬的日文名稱發音是四手，因為此屬的花和果實像注連 （日本神道教的祭祀道具）的四手（紙製裝飾）般垂掛。昌化千金榆的日文名稱「犬四手」的犬，表示材質等低劣的意思。

昌化千金榆的樹皮。有稍微明顯的灰色縱線

90%

葉端伸長

葉柄比昌化千金榆的長，毛少

→ 疏花千金榆 寒 暖

Carpinus laxiflora

樺木科 / 小喬木 / 日本北海道～九州

生長在低地～山地雜樹林等。花和紅葉較其他千金榆屬更帶紅色。有時也會被當成庭院樹木或公園樹。樹皮有直條紋。

千金榆的果穗。類似啤酒花（8/5）

90%

➡ **千金榆** 寒
Carpinus cordata
樺木科 / 小喬木 / 日本北海道～九州
多數生長在山地河谷。葉子和果穗是千金榆屬植物中最大，樹皮有淺淺的縱向裂口。

葉子比日本千金榆寬，葉基較偏心形

葉基側脈還會進一步向外分支

90%

葉子比昌化千金榆的長，側脈多

葉基的側脈沒有分支

⬆ **日本千金榆** 寒
Carpinus japonica
樺木科 / 小喬木 / 日本本州～九州
生長在山林或山谷沿岸。樹皮有疣狀皮孔縱向排列。果穗類似千金榆。日文名稱「熊四手」的熊是因為葉子和果穗皆大。

相似物種

50%

大小雙重的重鋸齒很明顯

千金榆葉槭 寒
Acer carpinifolium
無患子科 / 小喬木 / 日本本州～九州
雖然是楓屬的植物，不過葉子和千金榆屬很像，經常在山地河谷邊與千金榆混生。葉子對生這點是最大的不同。花垂掛的樣子看來很像千紙鶴。果實與楓屬植物一樣都是螺旋槳形。

葉子比千金榆大，對生

 辨識重點 昌化千金榆、疏花千金榆的果穗與千金榆、日本千金榆相比，果實較稀疏。這些果實分散之後都會隨風飛遠。

79

90%

垂序檩木的年輕果
穗。小型且有 3 〜
6 顆果實（8/26）

—— 葉子比日
本千金榆
略厚

90%

葉背的葉脈上有 ——
的無毛、有的多
毛，情況不一

↑ 垂序檩木 寒 暖

Alnus pendula

**樺木科 / 灌木 / 日本北海道、本
州、四國**
生長在雪多的山地〜丘陵，也種植
在人工整理過的土地等作為綠化用
途。葉子比革葉檩木的細，果穗也
屬於小型，樹高約 2 〜 5m。

↑ 革葉檩木 寒

Alnus firma

**樺木科 / 小喬木 / 日本福島縣〜近
畿、四國、九州**
生長在山地明亮的森林裡。果穗是
中型且各有 1 〜 3 顆果實。日文名
稱「夜叉五倍子」是以夜叉比喻黑
色的果穗，而且與鹽膚木的蟲癭一
樣，當作染料使用。

→ 鐵木 寒

Ostrya japonica

樺木科 / 喬木 / 日本北海道〜九州
零星分布在山地，北海道有很多。
樹皮剝落時翹起的模樣是其特徵。

50%

稍罕見
樹木

鐵木的樹
皮。呈現
粗條狀的
剝落

兩面多毛，有毛 ——
茸茸的觸感

➡ 旅順檔木 暖 寒

Alnus sieboldiana

樺木科 / 小喬木 / 日本關東～九州

自生在關東～近畿的海岸、矮山之外，因為能夠在貧瘠的土地長得很好，因此也當作人工整地等的綠化之用。在自生地以外也有野生化的情況。樹皮有不規則的龜裂。

旅順檔木的果穗。大型且有1～2顆果實（12/14）

葉子在赤楊屬之中也屬最大、最寬，光澤明顯

90%

兩面幾乎無毛。赤楊屬的葉背會分泌黏液，而且略有光澤

90%

← 厚葉櫻樺 寒

Betula grossa

樺木科 / 喬木 / 日本本州～九州

零星分布在山地。樹皮一旦受傷或樹枝折斷就會散發出貼布藥膏的味道，這是最大的特徵。

葉柄與葉背的葉脈上有毛

葉子是2片叢生在短莖上，並在長莖上互生

厚葉櫻樺的樹皮與櫻花樹類似，皆有橫條紋，而且會逐漸裂開

辨識重點　赤楊屬的果穗幾乎一整年都會留在枝頭，這是最佳的辨識重點。

葉柄有花外蜜腺的葉子

櫻亞屬、梅

薔薇科**櫻亞屬**（*Cerasus*）的特徵是葉柄和葉身基部一般都有一對芝麻粒大小的花外蜜腺，野生種約 10 種，還有許多栽培品種。**梅**、杏（P.101）、桃（P.52）、腺柳（P.88）等的葉子也有小小的花外蜜腺。

開花期的吉野櫻。花是淺粉紅色，在葉子長出來之前密集開花很美。花萼和花柄多毛是其特徵（4/2）

➡ 吉野櫻 街

Cerasus × yedoensis

薔薇科 / 喬木 / 園藝種

主要是江戶彼岸櫻與大島櫻的雜交種，也是最常種植在街道或公園的櫻花。日文原名「染井吉野」來自於東京的舊染井村，「吉野櫻」是最廣為人知的名字。

90%

背面

葉背是淺綠色。主脈上略有毛

鋸齒比日本山櫻略粗

吉野櫻的樹皮一開始有橫條紋，後來逐漸縱向裂開且變黑

葉柄和冬芽會長毛

為了吉野櫻的花外蜜腺而來的螞蟻

葉柄上一般有一對花外蜜腺

葉端伸長

90%

鋸齒是櫻亞屬之中最小

← **日本山櫻** 暖 寒 街

Cerasus jamasakura

薔薇科 / 喬木 / 日本本州～九州

野生櫻花的代表種，經常生長在低地～山林裡，有時也可人工種植。與吉野櫻不同，花和紅色嫩葉同時開。樹皮有明顯的橫條紋，老樹的樹皮會變黑。

葉背帶白色，兩面無毛

日本山櫻的樹皮。有明顯的橫向皮孔

背面

250%

花外蜜腺。數量不一，可能 0 個，也可能 6 個

日本山櫻的花與紅色嫩葉。花萼和花柄無毛（4/7）

擁有多款栽種品種的「八重櫻」

櫻亞屬是以大島櫻為主，繁殖出的許多雜交種與栽培品種，這些在日本通稱為「里櫻」。代表性的里櫻包括「關山」、「普賢象」、「一葉」等，雙重花瓣且開花期較吉野櫻晚幾週者，經常被稱為「八重櫻」。

「關山」的花。花朵大且莖粗。葉子與大島櫻類似。

辨識重點 吉野櫻與垂枝櫻（P.53）的冬芽有毛，除此之外主要的櫻花均無毛，因此在冬天也能夠區分。

大山櫻的花
（4/22）

90%

葉端寬度比
中央更大

鋸齒大

兩面無毛，
葉背帶白
色，無光澤

蜜腺

→ **大山櫻** 寒 街

Cerasus sargentii

**薔薇科 / 喬木 / 日本北
海道、本州、四國**

葉子和花都比日本山櫻
略大，生長在寒冷的山
地。花是略深的粉紅色，
與紅色嫩葉同時出現。
是北海道最普遍的櫻
花，也經常被稱作蝦夷
山櫻。

90%

葉 長 約 4 ～
5cm，有明顯
深缺刻的重
鋸齒

90%
背面

200%

蜜腺形狀類似
螃蟹眼睛

← **富士櫻** 暖 寒 街

Cerasus incisa

**薔薇科 / 小喬木 / 日本本州
（關東以西）**

生長在丘陵～山地，葉子、花、
樹高都屬小型，因此在日本稱
為「豆櫻」。有時也當作庭院
樹木。西日本的富士櫻葉子略
大，也被稱為是變種近畿豆
櫻。

← **霞櫻** 寒 暖

Cerasus leveilleana

薔薇科 / 喬木 / 日本北海道～九州

生長在山地～丘陵，在四國、九州很罕
見。與日本山櫻、大山櫻混生。花接近
白色，與綠色～褐色的嫩葉同時出現。

葉背有光澤，表面有
毛是其特徵。鋸齒與
葉形類似大山櫻

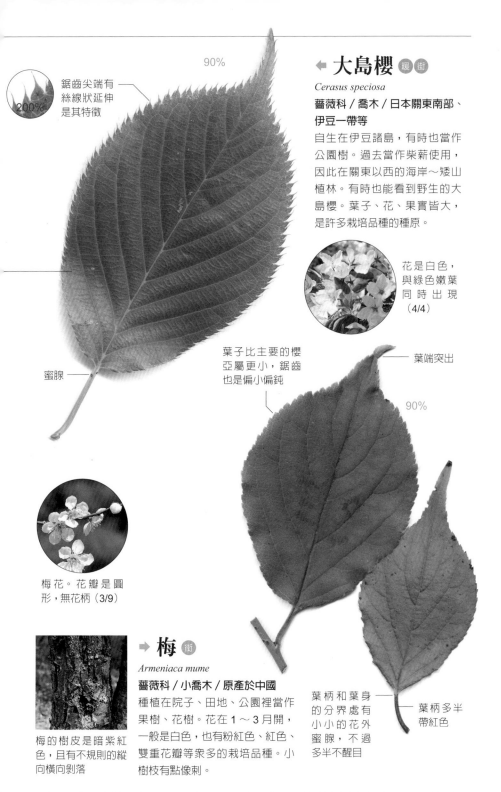

90%

200%

鋸齒尖端有
絲線狀延伸
是其特徵

← 大島櫻 暖 街

Cerasus speciosa

**薔薇科 / 喬木 / 日本關東南部、
伊豆一帶等**

自生在伊豆諸島，有時也當作
公園樹。過去當作柴薪使用，
因此在關東以西的海岸～矮山
植林。有時也能看到野生的大
島櫻。葉子、花、果實皆大，
是許多栽培品種的種原。

花是白色，
與綠色嫩葉
同 時 出 現
（4/4）

蜜腺

葉子比主要的櫻
亞屬更小，鋸齒
也是偏小偏鈍

葉端突出

90%

梅花。花瓣是圓
形，無花柄（3/9）

→ 梅 街

Armeniaca mume

薔薇科 / 小喬木 / 原產於中國

種植在院子、田地、公園裡當作
果樹、花樹。花在 1 ～ 3 月開，
一般是白色，也有粉紅色、紅色、
雙重花瓣等眾多的栽培品種。小
樹枝有點像刺。

梅的樹皮是暗紫紅
色，且有不規則的縱
向橫向剝落

葉柄和葉身
的分界處有
小小的花外
蜜腺，不過
多半不醒目

葉柄多半
帶紅色

辨識重點　櫻亞屬的樹皮，除了江戶彼岸櫻（垂枝櫻；P.53）之外，都有明顯的橫向長皮孔，
這是它們的共同特徵。

形似櫻花的葉子

早春旌節花、日本櫸木、灰葉稠李等

櫻亞屬（P.82）的葉柄有花外蜜腺，因此容易分辨，相反地，沒有花外蜜腺且類似櫻亞屬植物的葉子，多半外觀平凡且不易分辨。配合 P.90～95 的「葉子容易集中在短莖」的樹木，仔細檢查細節。

早春旌節花的花（4/5）與果實（7/6）

不分裂葉 落葉樹

葉子的形狀普通者 ◆ 鋸齒緣 ＞ 互生 ⸙

90%

鋸齒尖端是絲線狀，略顯獨特

雄花

主脈直到開花處都很粗。兩面無毛

← 青莢葉 寒 暖

Helwingia japonica

青莢葉科 / 灌木 / 日本北海道～沖繩、臺灣

花開在葉子上就像人搭乘木筏般，因此日文名稱叫「花筏」。生長在丘陵～山林裡，樹高 1～2m。雌雄異株，雌株長在黑色果實和葉子上。

花芽的花序。長度 3～10cm，這根特別長。

90%

側脈稍微彎曲延伸

→ 早春旌節花 暖 寒

Stachyurus praecox

旌節花科 / 灌木 / 日本北海道～九州

生長在低地～山地林緣。樹高 2～4m，是連根多幹樹形。枝幹略往下垂伸出。葉子的大小不一，不過看花芽就能分辨。果實與鹽膚木的蟲癭一樣當作染料使用。

無花外蜜腺。一般來說整體無毛

鈍齒鼠李的果實
從紅色轉黑成熟
（7/2）

90%

稍罕見
樹木

➡ **鈍齒鼠李** 寒 暖

Frangula crenata（*Rhamnus crenata*）
鼠李科／小喬木／日本本州～九州、臺灣
有時生長在丘陵～山林裡。葉子是兩兩互
生（臭常山型葉序；P.69）。有說法表示日
文名稱「磯木」的發音，是起自於這種樹
的枝條經常用來綁稻子。

側脈沒有到達
邊緣，而是連
上隔壁的側脈

冬芽、葉柄、
嫩莖有伏毛
覆蓋

鋸齒淺，
不明顯

90%

◀ **日本榿木** 寒 暖

Alnus japonica
**樺木科／喬木／日本北海
道～九州、臺灣**
生長在溼地、湖畔、河濱，
有時也種植在公園的水邊。
果穗幾乎一整年都在是其
特徵。與之類似的毛赤楊
（P.37）葉子是圓形。

葉背的葉脈隆
起，葉脈的分
支處有毛

背面

果實
90%

果穗呈毬果狀，而且
會留在枝頭很久

背面

葉脈在表面是下凹，在葉背是突出且有明顯的皺紋

90%

← 灰葉稠李 寒 暖

Padus grayana

薔薇科 / 喬木 / 日本北海道～九州
生長在山地～丘陵的林地或河谷沿岸。與其他櫻亞屬不同，花是白色且生成刷子狀。樹皮偏黑，有橫向的短皮孔，而且會逐漸龜裂。日文名稱「上溝櫻」的由來，是因為古時候用這種樹的木頭占卜挖溝等。

葉子在基部側面變寬

葉身基部有時有小小的花外蜜腺

灰葉稠李的花序下有葉子（5/11）

葉背帶粉白色，兩面無毛

背面

90%

腺柳的紅色新芽很醒目，因此在日本也稱作「紅芽柳」（8/18）

← 腺柳 暖

Salix chaenomeloides

楊柳科 / 小喬木 / 日本關東～九州
生長在河邊、溼地、湖畔等似乎會淹水的場所。細長的葉子在眾多楊柳科（P.52～55）植物中算是比較偏圓，花外蜜腺和托葉也是其特徵。

葉身基部有略呈突起的花外蜜腺

也經常長出半圓形的托葉

布氏稠李的年輕樹皮
也偏白，有橫條紋

➡ 布氏稠李 寒 暖

Padus buergeriana（*Prunus buergeriana*）
**薔薇科 / 喬木 / 日本本州～九州、
臺灣**

生長在丘陵～山林。與灰葉稠李類似，
但是葉子像桃樹般細長且量少。樹皮
是白色，因此在日本也有「白櫻」的
別名。

布氏稠李的花序下沒
長葉子（5/26）

90%

葉端變寬

背面

稍罕見
樹木

葉背密生縮起的
毛是其特徵

90%

背面

葉身基部有時
也有花外蜜腺

冬芽是紅色

鋸齒是波
狀而且淺

黃花柳的花（3/19）

⬅ 黃花柳 寒

Salix caprea

**楊柳科 / 小喬木 / 日本北海道、本州、
四國**

生長在寒冷地區的水邊和林緣，多半在
北日本。日文名稱叫「跛扈柳」，聽說
是因為花和果實的白毛看起來像是老婆
婆（老婆婆的日本方言與跛扈同音）的
白髮。花類似細柱柳（P.52），因此在
日本也有「山貓柳」（細柱柳的日文名
稱是貓柳）的別名。

表面的葉脈有
明顯的皺紋

小知識 灰葉稠李和布氏稠李都是薔薇科稠李屬，但也有看法認為它們屬於櫻亞屬（李屬）。

葉子容易集中在短莖1

大柄冬青、中華石楠、日本野茉莉等自生種

觀察葉子著生在莖上的模樣，就會發現有些樹的葉子在長莖上互生，在短莖上叢生。**大柄冬青**最具代表性，樹齡愈大，短莖愈發達，這是最好的分辨重點。

短莖的莖端長果實的大柄冬青（9/18）。樹皮有疣狀的皮孔，內部是綠色

➡ 大柄冬青 暖 寒

Ilex macropoda

冬青科 / 小喬木 / 日本北海道～九州

生長在丘陵～山林裡。樹皮薄，一旦受傷就會露出綠色的內皮，因此日文名稱叫做「青膚」。短莖尤其發達，葉子叢生傾向顯著。

100%

短莖上叢生數片葉子

葉脈在表面是下凹，在葉背是明顯突出。葉背一般有毛

背面

表面一般有軟毛，觸感柔軟

落霜紅的果實（9/10）

背面

➡ 落霜紅 街 暖 寒

Ilex serrata

冬青科 / 灌木 / 日本本州～九州

紅色果實很鮮豔，種植在院子或公園裡，有時生長在丘陵或山林裡。葉子叢生在短莖上的傾向不顯。日文名稱叫「梅擬」，據說是因為葉子與梅類似。

100%

鋸齒細且淺

葉子比大柄冬青細，葉背有時有毛，有時無毛

100%

葉端是短短的突出

靠近葉端的部分變寬

背面

中華石楠的果實。果柄有疣狀的皮孔（11/20）

鋸齒窄尖

⬅ 中華石楠 寒 暖

Pourthiaea villosa

薔薇科 / 小喬木 / 日本北海道～九州

生長在丘陵～山林裡，偶爾當作庭院樹木不過很稀少。日文名稱叫「鎌柄」是因為這種堅固的木材是用來製作鎌刀柄。也用來製作牛鼻環，因此在日本也有「牛殺」的別名。夏初會開許多白花。

短莖稍微發達，葉子叢生

葉背有毛或無毛，視個體情況不同

🔎 辨識重點 短莖主要是開花結果的莖；從小樹或樹幹長出的莖，多半只有長莖。

葉背的葉脈旁散布著褐色星狀毛

背面

100%

鋸齒鈍且少

略短的莖上經常擠著 3～4 片葉子

冬芽有亮褐色的毛覆蓋

日本野茉莉的年輕果實（7/18）

日本野茉莉的花。梅雨季節會大量朝下綻放（6/15）

↟ 日本野茉莉 暖 寒 街

Styrax japonica

安息香科 / 小喬木 / 日本北海道～沖繩

生長在低地～山地，有時也種植在院子或公園裡。果實含有毒的皂素，吃進嘴裡會覺得苦澀，因此日文名稱叫「澀木」。樹皮偏黑且有直條紋。

朝鮮灰木的樹皮剝落就會變成鮮奶油色，有明顯的大皮孔

典型的朝鮮灰木葉子是醒目的深鋸齒緣

100%

→ 朝鮮灰木 寒

Symplocos coreana

灰木科 / 小喬木 / 日本關東～九州

與澤蓋灰木十分相似，但是鋸齒粗，葉子略大且圓，果實是黑色，兩者在這些地方不同。日文名稱「耽羅澤蓋木」的「耽羅」是韓國濟州島的舊名。

100%

鋸齒小

背面

靠近葉端的
部分變寬

葉背的葉脈
隆起，葉脈
上有毛

← 澤蓋灰木 寒 暖

Symplocos sawafutagi

灰木科 / 小喬木 / 日本北海道～九州

日文名稱叫「澤蓋木」，意思是樹木茂盛，
就像河谷的蓋子。生長在丘陵～山地水邊到
山稜。果實是琉璃色（帶深紫色的藍色），
葉子類似中華石楠，因此在日本也有「琉璃
果牛殺」的別稱。

澤蓋灰木的果實
是美麗的藍色
（9/19）

↓ 日本鼠李 寒 暖

Rhamnus japonica

鼠李科 / 灌木 / 日本北海道～九州

生長在山地～丘陵的林地或岩石
地。葉子是對生與互生混合的臭常
山型葉序（P.69），叢生在短莖上。
日文名稱「黑梅擬」是因為果實是
黑色，而且葉子等與梅類似。北日
本的日本鼠李葉子較大。

日本鼠李的果
實（10/28）

葉子大小不一

100%

稍罕見
樹木

莖端變
成刺

葉脈彎
曲伸長

長莖

背面

短莖

葉子容易集中在短莖 2

貼梗海棠、蘋果類、唐棣屬等庭院樹木

這頁介紹的是當作庭院樹木的外國產樹種之中，葉子有集中在短莖傾向的樹木。**貼梗海棠、垂絲蘋果、圓葉蘋果**的短莖發達，葉子叢生；**唐棣屬**和**白鵑梅**則是葉子長得略擠。

唐棣屬的果實（6/7）與花（4/25）

全緣葉也多

背面

90%

有時葉端一帶會出現銳角的鋸齒

葉端或鈍或尖

← 白鵑梅 街

Exochorda racemosa

薔薇科 / 灌木 / 原產於中國
有時當作庭院樹木，也用來當作茶室插花的花材，因此日文名字是與茶人千利休類似的「利休梅」。全緣葉與有少量鋸齒的葉子攙雜。日文名稱又叫「梅花下野」。

白鵑梅的花（4/5）

90%

背面

葉子是倒卵形，葉背可看見葉脈的網格

← 貼梗海棠 街

Chaenomeles speciosa

薔薇科 / 灌木 / 原產於中國
種植在院子或公園裡，連根多幹樹形，樹高可達 1～2m。莖端變成刺。栽培品種多，與樹高約 50cm 的倭海棠（自生於日本本州～九州）產生的雜交種也很多。

貼梗海棠的花有紅色、粉紅色、白色等（4/1）

➡ 唐棣屬 街

Amelanchier spp.

薔薇科 / 小喬木 / 園藝種

這是原產於北美的亞美利堅東亞唐
棣、西洋東亞唐棣，以及其雜交種等
的總稱，也是近年來很受歡迎的庭院
樹木。果實在 6 月成熟。產自日本本
州～九州的東亞唐棣葉背有毛，生長
在矮山的山稜。

90%

背面

基部稍微
內凹

嫩葉的兩面有
毛，但之後幾乎
無毛

90%

嫩葉的兩面、
成葉的葉背和
葉柄上有白毛

⬆ 圓葉蘋果 街

Malus prunifolia

薔薇科 / 小喬木 / 原產於中國

主要在寒冷地區當作庭院樹木。
是蘋果（P.101）的夥伴，但果實
直徑 2.5cm 左右，很小。葉子經
常叢生在短莖上。又稱犬林檎。

圓葉蘋果的花。
花蕾是粉紅色
（4/13）

90%

鋸齒淺

成葉的兩面
幾乎無毛

➡ 垂絲蘋果 街

Malus halliana

薔薇科 / 灌木 / 原產於中國

春天粉紅色的花從長葉柄上下垂的樣
子很美，經常種植在院子或公園裡。
雖然是蘋果的夥伴，但很少結果。葉
子經常叢生在短莖上。

垂絲蘋果的
花（4/5）

葉柄極短的葉子

越橘屬

葉子乍看之下平凡，但幾乎沒有葉柄這點卻是很重要的
特徵。包括**藍莓**在內的杜鵑花科**越橘屬**（*Vaccinium*），
特徵是葉柄很短，大致在 5mm 以下，根據這一點就能
夠與其他樹種區分。此屬植物的果實均可食用。

奧氏越橘的樹形與花（5/22）

背面　　　　100%　咬起來
　　　　　　　　　很酸

← 司摩氏越橘 寒 暖

Vaccinium smallii

杜鵑花科 / 灌木 / 日本北海道、本州、四國

生長在山地～丘陵的林地，葉子咬起來很酸，因
此日文名稱叫「醋木」。葉長通常是 2 ～ 3cm，
不過靠近日本海一側的司摩氏越橘葉長可達 5cm
左右，被稱為變種大葉司摩氏越橘。

大葉司摩氏
越橘。葉背
有的有毛，
有的無毛

100%　鋸齒是細毛狀，
　　　看來像是全緣

司摩氏越橘的果實是黑色
且沒有銳角（9/14）

表面有硬毛，
很粗糙

↓ 紅果越橘 寒 暖

Vaccinium hirtum

杜鵑花科 / 灌木 / 日本北海道～九州

葉子和生長環境與司摩氏越橘類似，
但葉子較偏細長，咬下去幾乎不覺得
酸。花萼和果實不圓滑平整。

奧氏越橘的果實。
很像藍莓，但酸味
很強（11/20）

紅葉
100%

葉背有的
有毛，有 ─
的無毛

咬下去
不酸

紅果越橘的果
實是紅色，臼
型，不平整圓
滑（9/14）

↑ 奧氏越橘 暖 寒

Vaccinium oldhamii

杜鵑花科 / 灌木 / 日本北海道～九州

生長在丘陵～山地山稜、乾燥林地。
偶爾也種植當作庭院樹木。葉長 3 ～
8cm，比司摩氏越橘更大。日文名稱
叫「夏山漆」，因為葉子一到夏天就
會跟木蠟樹一樣變紅。

葉子略厚，
有光澤

100%

莖葉有的
有毛，有
的無毛

葉緣是全緣
或微鋸齒

← 藍莓 街

Vaccinium spp.

杜鵑花科 / 灌木 / 園藝種

多個原產於北美的樹種的總稱，包括高叢
藍莓類、兔眼藍莓類等眾多的交配種和栽
培品種。人工栽種在院子或田裡。秋天葉
子變紅很鮮豔

藍莓的果實從
紅色變成黑紫
色（8/12）

相似物種

四國毛花 暖

Diplomorpha sikokiana

瑞香科 / 灌木 / 日本中部地方～九州

葉柄與越橘屬同樣很短，卻是完全不同的
夥伴，全緣且兩面有毛等部分不同。生長
在西日本的矮山貧瘠地等場所。因為堅固
的樹皮是和紙的原料而為人所知。

果實

觸感柔軟

70%

四國毛花的花是淺
黃色筒狀（6/13）

小知識　常綠樹米飯花（P.179）也同樣是越橘屬，且葉柄短。

Q ： 這是什麼水果的葉子？

薔薇科的果樹

薔薇科的植物有很多是果實可食用，也有很多果樹。即使我們對它們的果實很熟悉，卻很少有機會看到它們的葉子。你知道以下的 A～J 這 10 種葉子，分別對應 P.101 下方的哪個水果嗎？

【知道0～2種：凡人　知道3～5種：喜歡植物　知道6～7種：果樹達人　8～10種：果樹博士】

A

葉端寬的逆蛋形葉子

C

葉子大，尖銳的鋸齒末端呈絲線狀

B

葉端寬的細長葉子，多半叢生在短莖上

D

E

罕見的全緣葉
在薔薇科植物
中屬例外

葉柄短，有花
外蜜腺，葉柄
與葉背的葉脈
旁邊有毛

F

背面

葉背、葉
柄、嫩莖
有許多白
毛

G

H

幾乎是圓形葉，
葉柄上有花外蜜
腺

長葉柄上有花外
蜜腺，葉柄與葉
背的葉脈旁邊有
毛

I

J

葉脈的皺紋很醒
目，且兩面多毛

細長葉，葉柄
上有花外蜜腺

杏

原產於中國，主要栽種在日本的東北地方。果實直徑 3～4cm，與梅子更大，黃橙色表示成熟，主要用來製作加工品。

梅

原產於中國，也種植在院子和田裡。六月左右尚未成熟的果實會用來製成梅乾（酸梅）或梅酒。與杏的雜交種杏梅也很多。（→P.85）

櫻桃

植物名稱是歐洲甜櫻桃。原產於歐洲，主要栽種在北日本。果柄無毛且在夏初成熟。

李

原產於中國，栽種在院子或田裡。果實在夏初成熟，會變成紅色、橙色、紅紫色且無毛。也稱為支那李。（→ P.52）

暖地櫻桃

原產於中國，植物名稱是中國櫻桃。這種櫻桃生長在溫暖地區，花在早春開，也當成庭院樹木。果柄有毛。

梨

由自生在本州～九州山地的沙梨（照片）改良而成。果實在秋天成熟。花是白色，在葉子長出之前的春天開花。

榲桲

原產於中亞。有時栽種在北日本，也稱為木瓜海棠、榲桲。果實有毛，用來製作水果酒或果醬。

桃

原產於中國，栽種在院子或田裡。果實（白桃）在夏天成熟，與花萼、冬芽同樣多毛是其特徵。（→ P.52）

毛櫻桃

原產於中國的灌木，當作庭院樹木。直徑約 1cm 的紅色果實在梅雨季節成熟，味道類似櫻桃，可生吃或製作果醬。

蘋果

原產於歐洲～西亞，主要栽種在寒冷地區。果實在秋天成熟，栽培品種多。樹皮會不規則剝落，偏白。

大型的對生葉
繡球花類、錦帶花類

大致上是 10cm 以上葉子對生的落葉樹，以八仙花科**八仙花屬**（*Hydrangea*）、忍冬科**錦帶花屬**（*Weigela*）、五福花科莢蒾屬（*Viburnum*）為代表，這些全都是灌木。莢蒾屬的介紹在 P.30 ～ 31、P.69、P.108。

左邊是只有裝飾花的繡球花。右邊是接近原始種的繡球花（6/21）

葉子厚，光澤明顯

80%

葉背有少量的毛之外，其他地方無毛

繡球花的花序。花屬於小型，集中在中央，四周長著有 4 片大花瓣的裝飾花。顏色是藍紫色～粉紅色～白色（6/21）

◀ **繡球花** 街 暖

Hydrangea macrophylla

八仙花科 / 灌木 / 日本關東南部～紀伊
生長在溫暖地區的海岸林，不過產量少。透過與澤八繡球交配產生各式各樣的栽培品種，種植在院子或公園裡，通稱繡球花。日文名稱「額紫陽花」是因為裝飾花像畫框般環繞著花。 有毒

兩面多毛且粗糙

70%

← 總苞八仙花 寒 暖

Hydrangea involucrata

八仙花科 / 灌木 / 日本東北～近畿
生長在丘陵～山地河谷沿岸，有時
群生。葉子尤其大且多毛。花是淺
紫～白色，花蕾是玉狀且醒目。

總苞八仙花的花
與花蕾（9/11）

鋸齒大小
不一

80%

背面

葉子比繡球
花薄，且無
光澤

葉脈旁邊和
葉脈分支處
一般有白毛

↑ 澤八繡球 寒 街

Hydrangea serrata

八仙花科 / 灌木 / 日本北海道～九州
生長在山地河谷邊，也當作庭院樹木。
花是白～藍色。葉子大小和花色有很多
變異，北日本的個體多是葉子大且花是
深藍色，稱為變種蝦夷繡球花。

澤八繡球的花比繡
球花的小（7/6）

✐小知識　吃下繡球花的葉子會中毒，必須小心。

葉形狀普通者 ◆ 鋸齒緣 ∧ 對生 ♆

背面

葉脈旁邊有毛

表面散布著伏毛，很粗糙

葉柄帶紅色，長度約 3cm，與類似種相比之下較長

80%

← 水亞木 寒 街

Hydrangea paniculata

八仙花科 / 灌木 / 日本北海道～九州、臺灣

生長在山地林緣和灌木林裡。樹皮可用來製作黏膠。名稱雖然是木，卻是繡球花的夥伴。整株都變成裝飾花的栽培品種「水無月」被當作庭院樹木。

水亞木的花是白色，長成金字塔形的圓錐花序（8/26）

→ 海仙花 暖 街

Weigela coraeensis

忍冬科 / 灌木 / 日本北海道～九州

生長在靠近海岸的林地，也當作庭院樹木、公園樹、海岸綠化林種植。日文名稱叫「箱根空木」，但在日本箱根反而少見。是錦帶花類之中葉子最大且毛最少者。

略有光澤，鋸齒淺，與繡球花類差不多

80%

80%

光澤少

⬇ 庭園錦帶花 寒 街

Weigela hortensis

忍冬科 / 灌木 / 日本北海道、本州

主要生長在靠日本海側的山地林緣
或灌木林，也種植在院子、公園、
道路擋土牆。多半生長在明亮的場
所。葉背整體多毛是其特徵。

80%

無光澤，皺
紋有些明顯

⬆ 秀麗錦帶花 寒

Weigela decora

**忍冬科 / 灌木 / 日本本州～
九州**

主要生長在靠太平洋側的山
地林緣或灌木林。日文名稱
叫「雙色空木」是因為花是
白色與粉紅色雙色交雜。葉
子比海仙花、庭園錦帶花更
小更細。

錦帶花類的葉
柄都是長約
1cm，很短

秀麗錦帶花	庭園錦帶花	海仙花

由白色變成粉紅色，花筒略細	一開始就是粉紅色，不會變色	由白色變成粉紅色，花筒略粗
	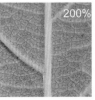	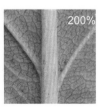
只有在葉脈上密生往斜上方生長的毛	整體有很多白毛，主脈上很少	幾乎無毛，主脈旁有少量的毛

花

葉背的毛

✐小知識 庭園錦帶花的夥伴，在西日本是紅王子錦帶花，在北日本是黃花錦帶花等。

中型的對生葉 1
溲疏類、莢蒾屬、連翹屬等

葉長約 5～10cm 且對生的落葉樹以灌木為主，種類繁多，包括**溲疏類**、**莢蒾屬**、P.110～113 的日本紫珠類與衛矛類等，也是最不易分辨的族群之一。必須仔細確認毛、鋸齒、葉脈等部分。

齒葉溲疏的花數量很多，很醒目（6/2）果實（12/16）

葉子橢圓形，中央最寬

背面

100%

兩面都有星狀毛，粗糙

葉脈明顯下凹

↑ 溲疏 暖 寒
Deutzia scabra

八仙花科 / 灌木 / 日本關東～九州
主要生長在靠太平洋側的丘陵～山林裡。雖然類似齒葉溲疏，不過葉子是圓形，這點是兩者的不同。開花期比齒葉溲疏早約一個月。

兩面都有星狀毛，粗糙

背面

100%

鋸齒小且獨特

→ 齒葉溲疏 暖 寒 街
Deutzia crenata

八仙花科 / 灌木 / 日本北海道～九州
經常生長在山野林緣等明亮場所。有時也當綠籬或庭院樹木。樹高 1～2m，連根多幹樹形，伸長的樹枝有些下垂。枝幹有空洞。開花期是 5～7月，因此在日本又稱為「卯花」。

溲疏的花平開，中央有醒目的黃橙色（5/1）

細梗溲疏的花略微呈半開狀，且花柄無毛（5/15）

齒葉溲疏的花是半開狀且花柄有毛（5/21）

薩摩山梅花的花與其他種不同，花瓣有4片（6/7）

➡ 薩摩山梅花 寒 暖 街

Philadelphus satsumi

八仙花科 / 灌木 / 日本本州～九州

有時生長在山地河谷沿岸或山稜等地方。花瓣略圓，類似梅花。與歐洲原產種等交配產生的歐洲山梅花被當作庭院樹木。

100%

最醒目的地方是基部長出 3 ～ 5 條長葉脈。兩面有毛

稍罕見樹木

每隔一段間隔就會有突出的小鋸齒

100%

葉子與齒葉溲疏相似，但兩面幾乎無毛，質感光滑

鋸齒比齒葉溲疏粗

⬅ 細梗溲疏 寒 暖 街

Deutzia gracilis

八仙花科 / 灌木 / 日本關東～九州

主要生長在山地溪谷沿岸和懸崖等岩石地。與齒葉溲疏相比，花略小，開花期早約一個月。葉子、花、樹高較小者，當作庭院樹木種植。

📖 小知識　溲疏類、八仙花科、忍冬科等之中有許多名稱相似的樹木，但不見得就是同種的夥伴。

背面　兩面有星狀毛，觸感蓬鬆柔軟

松田氏莢蒾的果實近乎球形（9/27）

銳利的鋸齒很醒目

莖有毛密生

↑ 松田氏莢蒾 暖 寒

Viburnum erosum

五福花科 / 灌木 / 日本本州～九州、臺灣
生長在山野林緣和樹林裡。蛋形的葉子比莢蒾（P.31）小，花序也小一圈，花數也少。但是葉子形狀有很多例外。

100%

➡ 基隆莢蒾 暖 寒

Viburnum phlebotrichum

銳利的鋸齒很醒目

葉背的主脈上有長絹毛，其他近乎無毛　　背面

五福花科 / 灌木 / 日本本州～九州
外觀與生長環境類似松田氏莢蒾，不過差別在於莖葉的毛少，花與果實也少，且下垂生長。日文名稱由來不明。

莖上幾乎無毛

基隆莢蒾的果實是扁平狀（9/27）

➡ 杞柳 寒 暖 街

Salix integra

楊柳科 / 灌木 / 日本北海道～九州
生長在河邊、潮溼的場所。葉子對生，在楊柳類之中屬於例外。枝條可用來編箱籠。葉子有白斑的栽培品種「白露錦」被當作庭院樹木。

杞柳的花（3/27）

100%

葉子是橢圓形，無葉柄。有時互生

兩面無毛，
質感光滑

100%

背面

葉端一半
有鋸齒

← **金鐘花** 街

Forsythia viridissima

**木犀科 / 灌木 / 原產於中國～
朝鮮半島**

黃花盛開在櫻花的季節，很鮮
豔，經常種植在院子或公園
裡。有葉子略寬的變種卵葉連
翹，以及圓形葉且有 3 出複葉
的其他種連翹，不過當作植栽
的多半是葉子細的本種。

50%

罕見
的樹

金鐘花的花。
4 裂（4/1）

連翹屬植物的葉
子。原產於中國，
且 很 少 當 作 植
栽。莖的剖面是
空洞

卵葉連翹的葉子。
莖的剖面是木梯狀
（金鐘花也是）

浙皖莢蒾的花（4/24）

光澤比莢蒾
強，有光滑
的觸感

葉子比基隆
莢蒾大

→ **浙皖莢蒾** 暖 寒

Viburnum wrightii

五福花科 / 灌木 / 日本北海道～九州

生 長 在 丘 陵 ～ 山 地。 類 似 莢 蒾
（P.31），但葉子毛少，鋸齒與葉端
尖銳。生長在溫暖地區的個體是蛋形
葉，但生長在山地的個體葉子是接近
圓形，稱為變種大浙皖莢蒾。

100%

200%

葉柄、葉背的
葉脈上、嫩莖
有長絹毛

中型的對生葉 2

紫珠屬、衛矛屬等

紫珠屬（*Callicarpa*）、衛矛屬（*Euonymus*）的樹木經常在思茅櫧櫟林、麻櫟林等看到，這些樹的葉子都是對生且都是灌木，因此很類似。紫珠屬有偏白的冬芽，衛矛屬是綠色的莖，這些是分辨的重點。

日本紫珠的花是粉紅色（6/19）

↓ 日本紫珠 暖 寒

Callicarpa japonica

唇形花科 / 灌木 / 日本北海道～沖繩、臺灣

生長在山野林緣或樹林裡。日文名稱「紫式部」是用其美麗的紫色果實比喻平安時代的女作家紫式部（《源氏物語》的作者）。南日本沿海地區的葉子較大，稱為變種大葉日本紫珠。

葉子是菱形，
葉端稍微伸長

100%

紫珠的果實十分密集，結果很多（10/17）

日本紫珠的果實（10/30）

果實掉落的痕跡

背面

成葉兩面幾乎無毛

冬芽多半是白褐色

100%

葉端沒有伸長

→ 紫珠 街 暖

Callicarpa dichotoma

唇形花科 / 灌木 / 日本本州～九州、臺灣

偶爾自生在溼地和河畔，一般都當作庭院樹木。小型葉，在日本當作園藝用途時，經常稱為「日本紫珠」。枝葉以稍微下垂的狀態伸長。

葉子基部有一半無鋸齒

➡ 大葉醉魚草 街

Buddleja davidii

玄參科 / 灌木 / 原產於中國
當作庭院樹木時，名稱叫「花蝴蝶」（Butterfly bush）。有時沿著溪流野生，據說這種是自生種。花會長成很長一串，有藤（紫）色和白色。

有細鋸齒 ——

葉子寬窄不一

葉背密生著白色軟毛

葉端稍微伸長

有綠色的附屬物（appendix）

背面

大葉醉魚草的花（9/5）

100%

100%

兩面多毛，有蓬鬆柔軟的觸感

背面

葉子在基部是偏圓的蛋形

高山紫珠的果實。萼片多毛（10/14）

← 高山紫珠 暖

Callicarpa mollis

唇形花科 / 灌木 / 日本本州～九州
生長在山野林地裡，經常與日本紫珠混生，不過葉子兩面、莖、萼片等有許多很像灰塵的毛，這點是兩者的不同。花數少。

➡ 西南衛矛 (寒)(暖)(街)

Euonymus sieboldianus

衛矛科 / 小喬木 / 日本北海道～九州

生長在低地～山林或山稜，有時也種植在院子或公園裡。花與果實皆為 4 或 4 的倍數。一般樹高 2～5m，有時可達 10m。樹幹有縱向裂口。這是製弓的木材。

果實垂掛，葉子開始轉紅的西南衛矛（10/25）

葉子是橢圓形，中央幾乎是最寬

100%

背面

莖是綠色的四稜形

一般兩面幾乎無毛。葉背的葉脈上多白毛的是變種關東西南衛矛

垂絲衛矛的花。直徑約 8mm，花瓣有 5 片（6/8）

⬇ 垂絲衛矛 (寒)(暖)

Euonymus oxyphyllus

衛矛科 / 灌木 / 日本北海道～九州、臺灣

生長在丘陵～山林裡，偶爾也當作庭院樹木。有長葉柄垂掛著可愛的花。寒冷地區的垂絲衛矛葉子較大，葉長可達約 10cm。

鋸齒小且尖銳。兩面無毛

背面

100%

葉子略呈菱形，較西南衛矛短

莖是綠色且無稜線

比較衛矛屬的果實看看

衛矛一般是 2 裂或 1 裂（9/27））

西南衛矛是 4 裂，果皮是粉紅色、紅色或白色（12/1）

垂絲衛矛是 5 裂，果皮是紅色（9/30）

黃心衛矛有 4 個明顯的薄翅（8/2）

50%

被稱為小西南衛矛的個體，沒有薄翅。葉子略圓

葉子比垂絲衛矛小，葉端寬

背面

衛矛的紅葉鮮紅（12/1）

100%

莖上長著軟木塞質地的薄翅

100%

葉長 7 ～ 15cm，葉脈的皺紋醒目，葉端寬

稍罕見樹木

↑ 衛矛 暖 寒 街

Euonymus alatus

衛矛科 / 灌木 / 日本北海道～九州

莖上經常有板狀的薄翅是珍貴的特徵，薄翅大的衛矛被當成庭院樹木或綠籬。自生種長在山林裡，不過沒有薄翅的個體較多，稱為小西南衛矛。

→ 黃心衛矛 寒

Euonymus macropterus

衛矛科 / 小喬木 / 日本北海道、本州、四國

葉子比垂絲衛矛寬，生長在海拔很高的山林裡。花與果實都是 4 或 4 的倍數，果實有螺旋槳形狀的薄翅。

形似柿的葉子
柿樹科、白木烏桕、假枇杷等

柿是日本自古以來就有種植的果樹，葉長超過 10cm，橢圓形且無鋸齒，樹皮也很有特色，因此是容易辨認的樹木之一。這跨頁也收集了其他容易與柿搞錯的全緣葉。

↓ **柿** 街 暖

Diospyros kaki

柿樹科 / 小喬木 / 原產於中國、臺灣

當成果樹種植在庭院或田裡。栽培品種眾多，根據味道不同，稱為甜柿與澀柿。經常在四周的林地裡野生化，野生個體稱為野柿，果實很小，直徑約 3～5cm。

白木烏桕的紅葉（10/13）與年輕果實（6/25）

柿的樹皮有網狀龜裂，很有特色

柿的果實（9/14）

背面
150%

葉背的葉脈旁邊多毛

80%

葉子略厚，光澤明顯

葉柄短粗，約1cm長，葉柄與莖都有很多褐色的毛

➡ 白木烏桕 ⓦⓦ🌱

Neoshirakia japonica

大戟科 / 小喬木 / 日本本州～沖繩

生長在山地～丘陵。秋天時，葉子
會變成紅色～黃色，很漂亮，偶爾
也當成庭院樹木種植。樹材是白色，
因此稱為白木。樹皮也是平滑偏白
色，有直條紋。

⬇ 山柿 ⓦ🌱⭐

Diospyros japonica

柿樹科 / 喬木 / 日本關東～沖繩、臺灣

生長在海岸～山林裡，偶爾有人工栽培。
果實很小，直徑約 2cm，沖繩和南日本
很多。與之十分類似、原產於中國的豆
柿在北日本主要是種來採「柿澀」（將
澀柿尚未成熟的果實榨汁，再將果汁發
酵熟成的紅褐色半透明液體。用途多樣，
主要是防腐抗菌等），有時也會野生化。
在日本，兩種都可稱為信濃柿。

80%

兩面無毛，撕碎莖葉
會流出白色汁液。有
些的葉子是波狀。

基部稍微內凹，
有時有花外蜜腺

葉柄一般是
2 ～ 3cm，
偏細小

80%

背面

150%

葉背無毛
且白色明
顯

葉子比柿的薄，葉
緣有時是波狀

稍罕見
樹木

葉柄一般很長，有 2 ～
3cm，無毛。豆柿的葉柄
約 1cm，有毛

山柿的果實
（11/4）

◢小知識 豆柿的葉子與柿相似，不過略小且薄，光澤不顯，果實直徑 1 ～
2cm，樹皮也有些不同。

115

70%

← 假枇杷 暖 食

Ficus erecta

桑科 / 小喬木 / 日本關東～沖繩、臺灣

經常生長在海岸～低地林緣或常綠樹
林裡。名字雖然叫枇杷，卻是無花果的
夥伴。花開在果實狀的花囊裡，所以看
不見，果實外型就像無花果的縮小版。

假枇杷的果實
變黑成熟之後
可食用（8/23）

葉端比中央略
寬，基部是獨特
的圓形

葉端逐漸
變窄尖

80%

葉子顏色深，
經常顯得粗糙

扭斷莖葉
就會流出
白色汁液

素心蠟梅的
花（12/19）

→ 蠟梅 街 對生

Chimonanthus praecox

蠟梅科 / 灌木 / 原產於中國

在年底日本過年時開花，與梅相似，又
很像蠟燭工藝品，因此稱為蠟梅。種植
在院子或公園裡。花中央是紅紫色者，
就是原始的蠟梅，中央是黃色者稱為品
種素心蠟梅，後者較多。

葉柄很短，
不到 1cm

➡ 流蘇樹

Chionanthus retusus

木犀科 / 小喬木 / 日本長野縣、岐阜縣、愛知縣、對馬地方、臺灣

少量生長在有限地區的珍貴樹種，因為不曉得它是什麼樹，在日本也有人稱它是「啥米樹」。有時也種植在公園或院子裡。

罕見的樹

流蘇樹的花。白色的花瓣很纖細（5/8）

成樹的葉子是全緣且是很大的蛋形

80%

背面

葉柄有2～3cm，偏長

小樹的葉子有鋸齒，葉子窄又小

假裝是柿？

➡ 厚殼樹 暖 🌱 〈鋸齒

Ehretia acuminata

紫草科 / 小喬木 / 日本中國地方、四國、九州、沖繩、臺灣

葉子的大小與柿差不多，在日本也有別稱叫它假柿樹，不過看鋸齒的有無就能分辨。生長在溫暖地區的林緣或路旁等。

有細鋸齒

40%

表面有毛且粗糙

樹皮不規則龜裂剝落，有點像柿

📎小知識　在日本各地有許多也叫「啥米樹」或有類似暱稱的樹。有時是指朴樹、樟樹。

中型的波形緣葉
殼斗類、南燭

構成寒冷地區天然林的代表樹種**圓齒水青岡**和**日本水青岡**，葉緣是波狀，很難判斷是鋸齒緣或是全緣，這就是它的特徵，也是分辨的關鍵。葉形與圓齒水青岡類似的包括**南燭**，這種是波狀的全緣葉。

圓齒水青岡的樹形與年輕果實
（5/25）

背面　100%

⬇ 南燭 暖 寒

Lyonia ovalifolia

杜鵑花科 / 小喬木 / 日本本州～九州、臺灣
生長在丘陵～山地山稜、松林裡，樹高約 2 ～ 7m。樹皮的裂口扭轉。冬芽與莖在冬天會染上紅色，十分醒目。

波形葉緣，不過沒有圓齒水青岡那般明顯

背面

兩面有伏毛

100%

葉背的葉脈上有許多長絹毛

⬆ 日本水青岡 寒

Fagus japonica

殼斗科 / 喬木 / 日本本州～九州
與圓齒水青岡混生，多半在略低的山地。樹材比圓齒水青岡差。葉背多毛，靠近樹根的地方經常長出基部芽，這就是能夠與圓齒水青岡區分的地方。

葉全緣，有不規則的波狀

南燭的花是白色吊鐘形（5/29）

冬芽約是紅豆的大小

⬇ 圓齒水青岡 （寒）

Fagus crenata

殼斗科 / 喬木 / 日本北海道～
九州

大範圍生長在山地，看似冬天
的積雪。與粗齒蒙古櫟一同形
成森林。樹枝呈扇形展開，樹
形類似欅，可長至高約 15 ～
30m 的大樹。

葉緣的特徵是
側脈末端內凹
的波形葉

100%

背面

特徵是冬芽細
長。日本水青
岡也一樣

成葉的兩
面幾乎無
毛

比較樹皮看看

圓齒水青岡偏白，有　　日本水青岡是深色，　　南燭的樹幹細，有縱
地衣類附生，形成斑　　地衣類少，有基部芽　　向裂口，有點扭轉
駁的模樣

🔍辨識重點　圓齒水青岡的樹皮原本是灰色，因為白色、黑綠色的地衣類（菌類和藻類的共生體）、
苔蘚類附著而變得斑駁。

莖的頂端有三片葉子

三葉杜鵑類

全緣葉在莖端 3 片輪生的灌木，就是**三葉杜鵑**的夥伴。3 片葉子擠在短莖上，並在伸長的徒長莖上互生。三葉杜鵑類在不同地區有不同的樹種與變種，資深者才能夠正確辨別。

開花期的網脈杜鵑（4/18）裂開的果實（4/7）

← 三葉杜鵑 暖 寒 街

Rhododendron dilatatum

杜鵑花科 / 灌木 / 日本關東～近畿、四國、九州
生長在丘陵～山地山稜或岩石地，也當作庭院樹木。葉子近乎無毛，葉柄較長，雄蕊有 5 根。在日本岐阜縣以西的三葉杜鵑雄蕊有 10 根，嫩葉多長毛，稱為變種土佐三葉杜鵑。

80%

背面

—— 葉背幾乎無毛。葉脈的網格稍微能看見

葉柄偏長，約 1cm

三葉杜鵑是這些夥伴中唯一雄蕊有 5 根者（4/17）

→ 高麗杜鵑 暖 街

Rhododendron weyrichii

杜鵑花科 / 灌木 / 日本紀伊、四國、九州
生長在南日本的低地～山地山稜或岩石場，有時也當成庭院樹木。在三葉杜鵑的夥伴之中，屬於葉子和樹高都很大型的樹種。

高麗杜鵑的花是朱紅色，與其他種不同（5/11）

主脈基部有長毛

背面

80%

嫩葉多長毛

東國三葉杜鵑的花。深紅紫色，有10根雄蕊（6/3）

⬇ **東國三葉杜鵑** 寒

Rhododendron wadanum

杜鵑花科 / 灌木 / 日本東北～近畿

生長在山地山稜或岩石地。與三葉杜鵑相比，葉子較寬，葉背多毛，花色較深。十分類似的大山三葉杜鵑分布在日本的中國地方、四國，其變種雪國三葉杜鵑分布在本州靠日本海一側。

80%

葉子比三葉杜鵑寬，葉脈的皺紋明顯

背面

葉背的主脈基部和葉柄密生著白～褐色的毛

80%

葉背帶白色，葉脈的網格很醒目

背面

➡ **網脈杜鵑** 暖 街

Rhododendron reticulatum

杜鵑花科 / 灌木 / 日本中部地方～九州

經常生長在西日本的低地～矮山的松林和山稜，也種植在院子或公園裡。葉子比三葉杜鵑略小。春天開紅紫色的花，很醒目。雄蕊有10根。

表面無毛或有毛

葉脈有許多開出毛或伏毛

🖊小知識 其他還有，關東南部～東海分布的是清澄三葉杜鵑，伊豆是天城杜鵑，九州是西國三葉杜鵑等。

葉子集中在莖端 1
低地或城市裡能夠看到的杜鵑花類

提到近乎全緣的葉子集中在莖頭的落葉樹，最具代表性的就是灌木的**杜鵑花科**，而且有許多種類。最大範圍分布在山野的是**山杜鵑**，經常種植在街頭的是**臺灣吊鐘花**等，只要記住這些，就很容易與其他杜鵑花比較。

山杜鵑的花是接近紅色的朱紅色（5/27）

⬇ 臺灣吊鐘花 街 暖 〈鋸齒

Enkianthus perulatus

杜鵑花科 / 灌木 / 日本關東南部～九州、臺灣

經常種植在院子或當綠籬，自生則有限制的地區，偶爾可在矮山的岩石地看見。秋天的紅葉很漂亮。從一直線分支的樹枝形狀很獨特，樣子很像三叉的燭臺。

臺灣吊鐘花的花與樹枝模樣（4/30）

雖然不明顯，不過有細鋸齒

這是鋸齒緣

100%

葉端寬

從一處筆直分成 2～3 條樹枝

100%

冬天也會留下小型葉

葉子是橢圓形，葉長約 4cm

表面多毛且粗糙

葉背和葉柄有許多金色的毛

背面

← 山杜鵑 暖 寒

Rhododendron kaempferi

杜鵑花科 / 灌木 / 日本北海道～九州

生長在低地～山林裡，也是最一般的杜鵑花。也多半種植在院子或公園裡。莖端聚集約 5 片葉子，冬天在冬芽四周留下小葉子。花在五月左右開。

兩面毛多，一摸會有點黏

→ 糯杜鵑 暖 街

Rhododendron macrosepalum

杜鵑花科 / 灌木 / 日本中部地方～岡山縣、四國

經常生長在丘陵或矮山樹林裡或山稜。栽培品種多，也種植在院子或公園裡。與山杜鵑類似，不過各部位有許多帶黏性的腺毛。半常綠樹。

糯杜鵑的花是粉紅色。經常在秋～冬季二度開花

100%

這個葉子在冬天會留下

糯杜鵑的葉柄腺毛。毛的末端會分泌有黏性的黏液

背面 300%

稍罕見樹木

100%

葉長約 0.5～2cm

200%
葉背主脈上有扁平的剛毛

花是淺粉紅色。也有開白花的變種
（4/27）

← 百里香葉杜鵑 暖 寒

Rhododendron serpyllifolium

杜鵑花科 / 灌木 / 日本東海～九州

生長在丘陵～山地岩石地等，也做成盆栽。葉子是杜鵑花類之中最小，葉背有剛毛是其特徵。在雲先岳所在地長崎無法自生，隸屬另一個種的九州杜鵑也稱為雲仙杜鵑。

◎小知識 臺灣吊鐘花與紅脈吊鐘花（P.126）都是吊鐘花屬，與其他多數的杜鵑花類（杜鵑花屬）不同屬。

葉子集中在莖端 2

常綠的園藝杜鵑花類

街上種植最多的杜鵑花，大概就是**平戶杜鵑類**、**皐月杜鵑**、**久留米杜鵑類**吧。杜鵑花類有許多種類在冬天仍會留下小型葉，不過這三種尤其會留下很多葉子，所以接近常綠樹，而且擁有多樣化的栽培品種與交配種。以上兩點是它們的特徵。

平戶杜鵑類的花有紅紫、粉紅、白色等（5/13）

葉子是明亮的黃綠色，葉長 4～11cm。冬天殘留的葉子是小型葉

100%

葉端有腺體。這是多數杜鵑花類的共同點

背面

嫩葉的正反兩面、成葉的葉背和葉柄多腺毛，摸起來有點黏

平戶杜鵑類的代表性栽培品種「豔紫杜鵑」（4/24）

↑ 平戶杜鵑類 街

Rhododendron Hirado Group

杜鵑花科 / 灌木 / 園藝種

火紅杜鵑、唐杜鵑、糯杜鵑、岸杜鵑等交配而生的栽培品種群。其葉子是大型葉，花也是杜鵑花類當中最大，經常種植在院子、公園、街道上。

花是白色，比平戶杜鵑小，也稱為白琉球杜鵑（3/15）

← 白花杜鵑 街

Rhododendron × mucronatum

杜鵑花科 / 灌木 / 園藝種

糯杜鵑和岸杜鵑的雜交種，據說是從琉球開始擴大分布的，也當作庭院樹木。花一般是白色，有時是粉紅色等。葉子是比平戶杜鵑細的小型葉，有皺紋。

葉子正反兩面
和葉柄有許多
金色伏毛

100%

背面

過冬的葉子長
度 約 2cm，屬
於細小型

春～夏天的葉子
長約 3cm，略大

皋月杜鵑原始種的花是朱紅
色，栽培品中則多半是紅紫
色（6/3）

↟ 皋月杜鵑 街 暖

Rhododendron indicum

杜鵑花科 / 灌木 / 日本關東西部～近畿、九州

偶爾生長在河畔岩石地，多半種植在院子、公
園、街道上。葉子是小型葉且細，密集著生。
開花期是 5 ～ 7 月，比較晚。有多款花色的交
配種和栽培品種。

葉端圓的葉
子也很多

正反兩面有
金色的伏毛

背面

過冬的葉子
略偏小型

100%

葉形多樣，多半是
比皋月杜鵑寬的橢
圓形～逆蛋形

久留米杜鵑類的花是紅色、
紅紫色、粉紅色、白色、紫
色等多朵多姿，雙重花瓣者
也很多（4/17）

↟ 久留米杜鵑類 街

Rhododendron Kurume Group

杜鵑花科 / 灌木 / 園藝種

九州杜鵑、山杜鵑、佐田杜鵑等衍生的栽培品
種群。也稱為霧島杜鵑，經常種植在院子、公
園、街道上。葉子大致上比皋月杜鵑略大，花
是小型花，開花期在四月左右。

✎小知識 園藝用的杜鵑花類有多款栽培品種，很難正確分辨，稱呼也沒有一定。

葉子集中在莖端 3

生長在山地的杜鵑花類

野生的**杜鵑花類**多半生長在山稜或岩石地。在海拔1000m 的山地，除了低地常見的山杜鵑（P.123）、三葉杜鵑類（P.120）之外，還有許多種類分布。這裡介紹 8 種山地杜鵑的代表。

紅脈吊鐘花的紅葉（10/22）和花（5/30）

100%

葉子是橢圓形，葉脈明顯下凹

有細微的鋸齒

背面

葉柄等有許多長腺毛

← 異蕊杜鵑 寒 〈鋸齒 全緣

Rhododendron semibarbatum

杜鵑花科 / 灌木 / 日本北海道～九州
生長在山地～丘陵林地和岩石地。花長在葉子下側，類似梅花。可根據橢圓形的葉子，以及葉脈上多腺毛這兩點分辨。

異蕊杜鵑的花是白色，有紅色花樣（5/27）

葉端較寬，顯然比臺灣吊鐘花更大

100%

有細微的鋸齒

背面

→ 紅脈吊鐘花 寒 街 〈鋸齒

Enkianthus campanulatus

杜鵑花科 / 灌木 / 日本北海道～九州
生長在山地～高山的山稜和岩石地，寒冷地區則種植在院子和公園。臺灣吊鐘花（P.122）的夥伴，因為花上有紅色線條，因此稱紅脈，不過不同地區的花色深淺不同。

葉脈的分支處長著褐色的捲毛

葉長 1～3cm

100%

稍罕見
樹木

背面

葉子的兩面和
葉緣有許多金
色長毛

← 米花杜鵑 寒(金

Rhododendron tschonoskii

杜鵑花科 / 小灌木 / 日本北海道～九州

有時生長在山地～高山岩石地或草原。
葉子比山杜鵑小，葉端通常是尖的。以
米來比喻它的小白花，因此名稱叫米
花。樹高 0.3 ～ 1m。

米花杜鵑的花直徑
約 1cm，屬於小型
花（7/6）

→ 錐序南羽 寒(金

Elliottia paniculata

**杜鵑花科 / 灌木 / 日本北海
道～九州**

生長在山地～丘陵的山稜或岩
石地。開花期是夏天～秋初，
花長成穗狀是其特徵。與其他
杜鵑花類不同，被分類在南羽
屬。 有毒

葉端較寬。彎
曲的長葉脈有
些醒目

錐序南羽的花是白色～
淺粉紅色（9/13）

100%

葉子表面有稀疏
的細毛，葉背在
葉脈上有白毛

莖上有翅
膀狀的稜
線

 小知識　紅脈吊鐘花的葉子和花含有木藜蘆毒素等毒素。

100%

← **羊躑躅** 寒 街 全緣

Rhododendron molle

杜鵑花科 / 灌木 / 日本本州～九州

生長在山地的草原、林緣、溼地等處，寒冷地區則種植在院子和公園。全株有毒，家畜不吃，因此在牧場很常見。日文名稱「蓮花杜鵑」是以蓮花形容它的花。 有毒

羊躑躅的花是朱紅色。也有黃花的品種，還有交配產生的栽培品種（6/15）

葉子是細長的抹刀狀，葉端偏圓，有腺體

白花五葉杜鵑的花是白色（6/3）

葉柄和葉背有長毛，或幾乎無毛

葉緣有剛毛

葉脈有明顯皺紋

→ **白花五葉杜鵑** 寒 全緣

Rhododendron quinquefolium

杜鵑花科 / 灌木 / 日本東北～近畿、四國

生長在靠太平洋側的山地山稜或岩石地，偶爾也當作庭院樹木。莖端有 5 片葉子輪生，因此也稱為五葉杜鵑，樹皮有網狀剝落，類似松樹，因此在日本也稱為松肌。

葉緣有短毛。十分類似的日光五葉杜鵑則是有長毛

葉端鈍，有腺體

主脈上有毛。葉柄短

100%

背面

稍罕見樹木

➡ 裏白瓔珞杜鵑 寒 (全譯)

Rhododendron multiflorum

杜鵑花科 / 灌木 / 日本北海道～中部地方

生長在山地～高山林地或溼地等。名稱是因為
花的模樣很像裝飾佛像的瓔珞，而且葉背是白
色。日本的中部地方～中國地方、四國分布的
是花為淺黃色的薄黃瓔珞杜鵑。

100%

裏白瓔珞杜鵑的
花是紅紫色的吊
鐘形（7/2）

葉子表面無毛
或有毛。葉形
多有例外

葉背多少帶白
色，主脈上有扁
平的剛毛

背面

300%

葉端尖，
有腺體

寒 街 (全譯) {銀葉}

⬅ 深紫杜鵑

Rhododendron albrechtii

**杜鵑花科 / 灌木 / 日本北
海道～近畿**

生長在山地～高山林地，
寒冷地區則有時種植在院
子裡。花是深紅紫色，像
是重複染了好幾次。葉子
是羊躑躅的更寬。

100%

稍罕
見樹木

葉緣有毛
狀鋸齒

葉子表面有毛
散生，粗糙

背面

葉柄和葉身
基部有腺毛
和長毛

深紫杜鵑的
花（5/29）

葉脈上
多毛

大型葉

大葉冬青、黃土樹、東瀛珊瑚等

常綠樹的大型葉比落葉樹少，這裡介紹的是葉長大約
15cm 或以上的樹種。另外，雖是大型葉但葉子集中在
莖端的枇杷、洋玉蘭、薄葉虎皮楠、日本石櫟等則在
P.158 ～ 165 介紹。

種植在郵局的大葉冬青及果實
（1/23）

↓ 大葉冬青 街 暖

Ilex latifolia

冬青科 / 小灌木 / 日本東海～九州

葉子上能夠寫字，因此成為日本郵局的象徵，
種植在郵局或寺院裡。日文名稱多羅葉是來
自於印度經常用多羅樹的葉子抄寫佛經。偶
爾自生於西日本小溪邊的岩石地。

背面

葉背用棍子等刮傷的話，
幾分鐘之後就會浮現褐
色，而且幾年都不會消失

葉子又厚又
硬，正反兩
面無毛。葉
背的側脈不
明顯

鋸齒又硬又
銳利，因此
在日本也有
「鋸柴」的
別稱

70%

➡ 桂櫻 街🌱生

Laurocerasus officinalis

薔薇科 / 灌木 / 原產於歐洲～西亞

偶爾種來當作綠籬。花外蜜腺在葉背，但扁平且不醒目。與大葉冬青一樣可以在葉背寫字。

鋸齒鈍且淺

70%

罕見的樹

70%

背面

有扁平的花外蜜腺

可稍微看見側脈

罕見的樹

葉子比大葉冬青薄，正反兩面均可看到側脈

背面

250%

葉柄上有一對疣狀的花外蜜腺

黃土樹的花
（9/29）

← 黃土樹 暖🌱生

Laurocerasus zippeliana

薔薇科 / 喬木 / 日本關東南部～沖繩、臺灣

有時生長在靠近海邊的常綠樹林。樹皮剝落就會露出橘色斑駁的花樣（P.73）。

葉子表面是深綠色，光澤明顯

鋸齒的大小有很多例外

70%

背面

莖是有光澤的綠色

← 東瀛珊瑚

Aucuba japonica

桃葉珊瑚科／灌木／日本北海道～沖繩、臺灣

生長在低地～山林裡，也經常種植在院子或公園裡。有對生的大葉子，斑葉的栽培品種也很多。莖和樹幹也是綠色的。在多雪地區的東瀛珊瑚樹幹匍匐在地，葉子也是小型葉，稱為變種姬青木。

東瀛珊瑚是雌雄異株，雌株會結紅色果實（2/27）

結果期的東瀛珊瑚。也生長在昏暗的杉林裡（3/19）

→ 珊瑚樹 暖 街 對生

Viburnum odoratissimum

五福花科／小喬木／日本關東南部～沖繩、臺灣

生長在靠近海邊的常綠樹林裡，也種來當作綠籬、庭院樹木或公園樹。紅色果實很像珊瑚，因此稱為珊瑚樹。經常變成連根多幹的樹形，樹皮無龜裂。

鋸齒淺

70%

溼潤有光
澤感

罕見
的樹

背面

葉背可看
見側脈。
正反兩面
幾乎無毛

山豬肝的花（8/27）

暖

← **山豬肝**
Symplocos theophrastifolia
灰木科 / 小喬木 / 日本東
海～九州、臺灣
偶爾生長在靠近海邊的林
地或矮山。樹皮平滑且偏
白色。在日本的伊勢神宮
和宮島很多。

150%

冬芽覆蓋
褐色的毛

鋸齒鈍且淺，
有時近乎全緣

70%

背面

珊瑚樹的果實是醒目的
鮮紅色（9/9）

葉脈的分支處有
葉部蟲室的入
口，表面凸起

葉柄一般
是褐色～
帶紅色

133

葉緣有刺的葉子

異葉木樨類、十大功勞類等

葉緣有刺的葉子，主要是葉子對生的木樨科**異葉木樨類**、互生的冬青科**枸骨類**、羽狀複葉的小檗科**十大功勞類**這三大群。只要確認葉子的著生方式，就能夠輕鬆分辨出來。

有年輕果實的異葉木樨（3/29）花是晚秋開，有香氣（12/2）

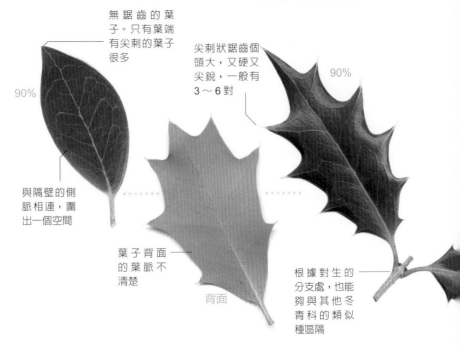

無鋸齒的葉子。只有葉端有尖刺的葉子很多

尖刺狀鋸齒個頭大，又硬又尖銳，一般有3～6對

90%

90%

與隔壁的側脈相連，圍出一個空間

葉子背面的葉脈不清楚

背面

根據對生的分支處，也能夠與其他冬青科的類似種區隔

↑ 異葉木樨 暖 街 對生

Osmanthus heterophyllus

木樨科 / 小喬木 / 日本關東～九州、臺灣

生長在低地～山林裡，也種來當作庭院樹木或綠籬。年輕樹或剪定的個體葉子有尖刺狀鋸齒，但成樹有較多的全緣葉。果實是黑紫色。

90%

尖刺狀鋸齒個頭
小，一般有 6 ～
10 對

← 齒葉木犀 街 對生

Osmanthus × fortunei

木犀科 / 小喬木 / 園藝種

異葉木犀與桂花（P.189）的雜交
種，比異葉木犀更常被種來當作綠
籬或庭院樹木。葉子比異葉木犀
大，尖刺狀鋸齒多，因此能夠分辨。

※ 兩種都是未經過剪定
的成樹有較多的全緣葉

90%

尖刺狀鋸
齒一般有
2 ～ 3 對

↑ 枸骨 街 互生

Ilex cornuta

**冬青科 / 灌木 / 原產於中
國**

與異葉木犀類似，但兩者
不同科。葉子互生，果實
是紅色。四角形的葉子是
其特徵。以耶誕節花環等
名稱流通於市面上，在日
本的別名是支那枸骨、箭
羽枸骨。

枸骨的果實與全
緣葉（11/29）

真正的耶誕節花環是？

一到耶誕季節，經常可在園藝店看到掛著「耶
誕節花環（holly）」牌子的植物。在歐洲，耶
誕節裝飾用的「holly」是原產於歐洲的歐洲冬
青，但是因為歐洲冬青不耐熱，很難在日本栽
種，因此市面上看到的都是原產於中國的枸骨、
原產於北美的美國冬青交配種，或是葉子小的
日本奄美大島產的小葉貓兒刺等。這些都是冬
青科植物，在秋天～冬天會有紅色果實，不過
若是弄錯，誤種了日本的異葉木犀（木犀科）
的話，夏初就會長出黑色果實，必須注意。

70%

70%

↑ 狹葉冬青

Ilex × attenuata 'Sunny Foster'
美國冬青的交配種，葉子
小，嫩葉是黃色

↑ 歐洲冬青

Ilex aquifolium

60%

尖刺狀鋸
齒很醒目

小葉與異葉木犀類
似，但質地略薄，
且無葉柄

十大功勞的花（3/7）

十大功勞的果
實（6/2）

↑ 十大功勞 街 暖 🌱

Mahonia japonica

小蘗科 / 灌木 / 原產於中國、臺灣

乍看之下類似異葉木犀，不過它是
羽狀複葉，葉子的狀態根本上就不
同，它是南天竹（P.260）的夥伴。
樹高約 1m，經常種植在院子或公園
裡，在鬧區外圍的樹林裡野生化的
情況也很多。

十大功勞是常綠樹，不過
葉子也經常會變紅（3/9）

細葉十大功勞
的花（9/28）

有尖刺狀的鋸
齒，不過沒有十
大功勞那麼明顯

60%

← 細葉十大功勞

Mahonia fortunei

小蘗科 / 灌木 / 原產於中國、臺灣
一如名稱所示，小葉很細長，片數只有 3 ～ 4 對，很少，鋸齒小且數量多。有時也種植在院子裡。

60%

鋸齒小，摸
到也幾乎不
覺得痛

街 🌱
→ 寬苞十大功勞

Mahonia eurybracteata

小蘗科 / 灌木 / 原產於中國
小葉比細葉十大功勞更細，數量有 5 ～ 10 對，很多。葉子在冬天也是綠色。近年來經常種來當作庭院樹木或公園樹。別名是柳葉十大功勞。

開花期的寬
苞十大功勞
（10/30）

📎小知識 十大功勞類雖是羽狀複葉，不過容易與異葉木犀搞錯，因此特別放在本頁介紹。

有三條明顯葉脈的葉子

樟科等

主脈在葉基分成 3 條伸長的葉脈，稱為三行脈，主要可在樟科植物上看到。**樟科**植物的葉子是全緣葉且互生，一撕碎就有香氣，包括和**白新木薑子**一樣，葉子集中在莖端的樹種，也有像**席博氏肉桂類**這樣攙雜對生葉的樹種。

新綠的樟樹（5/9）與果實（12/25）

↓ 樟樹 街 暖 🌿

Cinnamomum camphora

樟科 / 喬木 / 日本關東～沖繩、臺灣

這是能夠長成日本最大樹木的樹種，經常種植在街道、公園、神社裡。原本的自生地是九州的矮山，後來為了生產樟腦，在日本各地種植，因此在各地野生化。葉子有葉部蟲室是其特徵。

樟樹的樹皮。亮褐色，有短棒狀的縱向裂口

背面

正反兩面無毛，葉背帶白色

300%

三行脈的分支處可看見葉部蟲室的凸起

90%

葉緣經常是波狀

在三條葉脈的分支處有葉部蟲室的入口

一撕葉子就會散發出刺鼻的樟腦味

葉子稍微集中在莖端

葉端比藪
肉桂伸得
更長

90%

稍罕見
樹木

三行脈幾乎
平行延伸

葉子一撕就會
有類似肉桂的
強烈香氣

生 對生

← 席博氏肉桂

Cinnamomum sieboldii

樟科 / 喬木 / 日本沖繩

原產於沖繩山地和中國，當作香料
的肉桂就是從樹皮採集，因此有時
也種植在院子或田裡，偶爾會野生
化。葉子比藪肉桂長。

↓ 藪肉桂 暖 生 對生

Cinnamomum yabunikkei

樟科 / 喬木 / 日本本州～沖繩

經常生長在海岸～矮山的常綠樹
林。與樟樹、白新木薑子不同，
葉子不會集中在莖端，且互生與
對生混合。葉子的香氣較席博氏
肉桂弱。果實是黑紫色。

90%

一撕葉子就會散發
類似肉桂的香氣

藪肉桂的樹皮是暗褐
色且平滑

藪肉桂的葉子均等排列在
莖上，形成臭常山型葉序
（P.69）

背面

葉背略白。
兩面無毛。

三行脈很醒目。
沒有葉部蟲室

139

背面

一撕葉子就
會產生微弱
的香氣

90%

葉長約 10 ～ 15cm，比
樟樹、藪肉桂、銳葉新
木薑子更大

白新木薑子的嫩葉覆
蓋金色～白色的毛，
很醒目（4/17）

葉背是粉白色，主脈上和
葉柄都有金色的毛

← 白新木薑子 暖 ✔生

Neolitsea sericea

樟科 / 喬木 / 日本本州～沖繩、臺灣

生長在山野的常綠樹林。與豬腳楠
（P.159）類似，不過葉背更白，因此
在日本也稱為白豬腳楠。樹皮是暗褐
色且平滑，有粒狀皮孔零星散布。嫩
葉和果實很醒目。

葉子集中
著生在莖
端

白新木薑子的
果實是紅色
（10/31）

→ 圓頭葉桂 街 暖 ✔生 對生

Cinnamomum daphnoides

樟科 / 灌木 / 日本九州

自生在海邊，偶爾當作綠籬或
公園樹種植。一如名稱所示，
特徵是葉端圓的小型葉。葉子
香氣、互生與對生混合等地方
皆與席博氏肉桂相似。

罕見的
樹

90%

背面

葉背密生
著絹毛

➡ 銳葉新木薑子

Neolitsea aciculata

樟科 / 小喬木 / 日本關東南部～沖繩、臺灣

有時生長在低地～山地的常綠樹林。與白新木薑子類似，但整體個頭較小。在日本的別名是松浦肉桂。

90%

稍罕見樹木

一撕葉子就有好聞的香味

冬芽比白新木薑子細長

葉背略帶白色，無毛

葉柄短，且有暗褐色的毛

背面

銳葉新木薑子
的果實是黑色
（11/4）

相似物種

60%

70%

這是落葉樹（鋸齒緣）

紅棗的果實
（10/10）

⬆ 三菱果樹參的不分裂葉

在庭院或溫暖地區的森林裡看到的三菱果樹參 *Dendropanax trifidus*（五加科→ P.213），特徵是 3 裂的葉子，但成樹則是三行脈明顯的不分裂葉。葉子的寬度比樟科植物更寬，葉背能看見葉脈的網格。

⬆ 紅棗

Ziziphus jujuba

鼠李科 / 小喬木 / 原產於中國

有時也種來當作果樹或藥用。雖是落葉樹，不過葉子光澤明顯，三行脈醒目。莖葉像是下垂般稍微伸長。有些個體有刺，也有些沒有。

小知識　日本樹幹最粗的大樹，就是位在鹿兒島縣蒲生町的樟樹「蒲生大樟樹」，樹幹周長 24.2m，樹齡推測是 1500 年。

141

有香氣的葉子
白花八角、月桂樹、芸香科等

常綠樹且有香氣的葉子，是以**白花八角、芸香科、樟科**（P.138 ～ 143、156 ～ 160）為代表。要分辨這些，香味很重要，因此請養成撕碎葉子嗅味道的習慣。柑橘類的葉子有著與果實差不多的香氣。

白花八角的花（4/4）果實與辛香料的八角類似，但有毒，必須小心（10/27）

90%

葉脈的分支處經常有葉部蟲室

葉緣多半有較細的波狀

背面

也有葉子沒有波狀

搓揉就會產生強烈香氣

← 月桂樹 街

Laurus nobilis

樟科 / 小喬木 / 原產於地中海沿岸

葉子稱為月桂葉，經常當作咖哩等的辛香料，有時也當作庭院樹木。用其莖葉製作的王冠稱為月桂冠，在古希臘是用來頒給比賽的贏家。

月桂樹的花
（4/27）

→ 迷迭香 街

Rosmarinus officinalis

唇形花科 / 小灌木 / 原產於地中海沿岸

當作藥草類種植在院子或花壇，樹高約 1m。像針葉樹般，有細長葉子對生，外觀獨特，幾乎全年都會開花。

這是對生

90%

葉子是線形，葉緣像葉背捲。一揉捏就有強烈香氣

迷迭香的花是淺紫色～白色（2/22）

➡ 白花八角 暖 街

Illicium anisatum

五味子科 / 小喬木 / 日本本州～沖繩、臺灣

整棵樹有毒，莖葉有香氣，因此種植在墓地
或寺院，用來消除屍臭、驅趕野獸。生長在
山地～丘陵的樹林裡，多半在日本冷杉、南
日本鐵杉或青剛櫟屬的樹林裡。 有毒

90%

類似全緣葉冬
青（P.183），
兩面都扁平，
側脈不顯

背面

一撕碎就有
甜甜的香氣

葉子約5片，
集中在莖端

暖 寒 街

➡ 日本茵芋

Skimmia japonica

**芸香科 / 灌木 / 日本北海道～
九州**

生長在山林裡，也當作庭院樹
木。一般樹高約 1m，不過在多
雪的地區有樹高 50cm 以下的
變種蔓。類似白花八角，但葉
子和果實有毒，完全是不同的
夥伴。 有毒

日本茵芋的果實
（10/14）

一撕碎就會
產生柑橘類
的香氣

90%

背面

類似白花八角，正反兩面
的側脈都不明顯，不過日
本茵芋的葉子更細長，透
光一看可看到點狀的油囊

葉子集中著
生在莖端

✐小知識 此外，馬櫻丹（P.188）也有強烈香氣，海桐（P.151）則是略有臭味。

90%

葉緣近乎全緣，不過有時是微鋸齒緣

← 溫州蜜柑 街
Citrus unshiu

芸香科 / 灌木 / 園藝種

也就是一般的「橘子」，栽種在日本關東以南的田地或院子裡，有許多栽培品種。發源地據說是鹿兒島縣。葉子是柑橘類之中略偏大型。

溫州蜜柑的花（5/8）

背面

側脈清楚可見。一撕葉子就會產生橘子香氣

300%

整體均有小油囊

葉子的皺紋略微醒目

葉柄和葉身的分界上有關節（柑橘類的共同點）

葉柄有狹窄的薄翅

金橘的果實直徑 2 ～ 3cm，屬於小型（4/10）

90%

→ 金橘 街
Citrus japonica

芸香科 / 灌木 / 原產於中國

柑橘類之中果實和葉子均屬最小，從以前就種植在院子或田裡。果實可連皮吃，也用來止咳。

側脈不明顯

背面

葉柄短，薄翅極窄

← 檸檬 街

Citrus limon

芸香科 / 灌木 / 原產於印度

主要生產於日本廣島縣和愛媛縣，也當作庭院樹木。葉子相對較大型，且栽培品種多。

90%

葉子是檸檬形，一撕就有檸檬香氣

葉緣是微鋸齒～全緣

一撕就有柚子香氣

90%

柚子的細樹幹多刺

刺又長又多

葉柄的薄翅特別寬且醒目

葉柄幾乎沒有薄翅

相對較多刺

↑ 香橙 街 暖

Citrus junos

芸香科 / 灌木 / 原產於中國

種植在院子或田裡，有時也在樹林裡野生化。果實有強烈香氣和酸味，果汁用在料理等。葉柄有寬薄翅，有許多長刺是其特徵。

葉子比溫州蜜柑小，也較平滑

→ 夏橙 街

Citrus natsudaidai

芸香科 / 灌木 / 園藝種

起源於日本山口縣，種植在院子或田地裡。果實在秋～冬天變色，不過夏初的果實酸味較低也較順口。近年來酸味低的栽培品種「甘夏」較多。

90%

葉柄上有窄薄翅

夏橙的果實與嫩葉（5/27）

小型葉

日本小葉黃楊、假黃楊等

日本小葉黃楊、**假黃楊**等葉長大約在2cm以下的樹木，多半種來當作綠籬或植栽。乍看之下很類似，不過若葉子互生且有鋸齒的話，就是冬青科的假黃楊；葉子對生且是全緣葉的話，就是黃楊科的日本小葉黃楊，果實的形狀與分類也各有不同。

經過修剪的假黃楊綠籬和果實
（10/31）

⬇ **日本小葉黃楊**

Buxus microphylla var. *japonica*

黃楊科 / 灌木 / 日本關東～沖繩

生長在山地岩石地或石灰岩地，也當作綠籬或庭院樹木，不過相較於假黃楊較少。木材細緻扎實，用來製作梳子或印鑑。

⬇ **小葉黃楊**

Buxus microphylla var. *microphylla*

黃楊科 / 灌木 / 園藝種

日本小葉黃楊的標準變種，葉子很細。一般人只認識栽培品種，有時也種來當綠籬。在日本的別名是草黃楊。

葉子細長，抹刀形且略薄 ——

100%

背面　葉端下凹或圓形

100%

主脈上有白色微毛

小葉黃楊的花。沒有花瓣（3/17）

日本小葉黃楊的果實。成熟之後會3裂（7/31）

有小鋸齒 ——

100%

➡ **假黃楊**

Ilex crenata

冬青科 / 小灌木 / 日本北海道～九州、臺灣

生長在低地～山林裡，修剪之後也當作庭院樹木、綠籬、公園樹。名稱的由來是因為材質比日本小葉黃楊差，不過植栽利用還是假黃楊較多。

互生，與日本小葉黃楊不同

↓ 泡葉假黃楊

Ilex crenata f. *bullata*

冬青科 / 灌木 / 園藝種

假黃楊的品種，葉子朝表面突
出成勺子狀是其特徵。也種來
當庭院樹木或綠籬。

100%　　背面

葉子圓鼓
鼓地突出

果實

→ 錦熟黃楊

Buxus sp.

黃楊科 / 灌木 / 園藝種

類似日本小葉黃楊的栽
培品種，葉子大，顏色
明亮且質地薄。種植當
作綠籬、庭院樹木、公
園樹。在日本的別名是
須藤黃楊。一般也稱之
為西洋黃楊。

光澤明顯，冬
天會稍微變紅

100%

↓ 細葉雪茄花

Cuphea hyssopifolia

**千屈菜科 / 小灌木 / 原產
於墨西哥**

和名是墨西哥花柳。樹高
約 50cm，特徵是葉子的
草質細且對生。種植在院
子或花壇等地方。

↓ 平枝舖地蜈蚣

Cotoneaster horizontalis

**薔薇科 / 小灌木 / 原產於中
國、臺灣**

通常當作庭院樹木或盆栽，樹
高在 1m 以下，樹幹多半匍匐。
在日本的別名是車輪桃。本種
的夥伴稱為舖地蜈蚣屬，還有
其他人工栽培種。

↓ 六月雪

Serissa japonica

**茜草科 / 灌木 / 原產於中
國、臺灣**

類似日本小葉黃楊，但葉子
略細，葉柄基部有針狀托葉
這點也不同。花是白色～淺
紫色，看起來是丁字形，因
此在日本稱為白丁花。種來
當作綠籬或庭院樹木。

花 是 紫
色～粉紅
色，夏天
會開很久

100%

莖上有
毛密生

葉子接近
圓形，葉
背有毛

100%

斑葉品種
經常種植

背面

葉子薄
又軟

托葉

六月雪的花
（5/12）

平枝舖地蜈蚣
的果實（9/26）

長紅色果實的灌木
紫金牛屬、草珊瑚等

日本新年用來裝飾的「硃砂根」、「草珊瑚」會結很多紅色果實，過去交易價格很高，因此在日本的名稱是「萬兩」、「千兩」。這裡也介紹樹高 1m 以下的小灌木，同樣會結紅色果實、在日本稱為「百兩」、「十兩」、「一兩」的樹木。

結果期的硃砂根（1/3）與花（7/9）

80%　80%　80%

粗鋸齒很醒目

皺紋有點醒目

↑ 紫金牛 暖 寒 街 對生 鋸齒
Ardisia japonica

報春花科 / 小灌木 / 日本北海道～九州、臺灣

在日本的別名是「十兩」。經常生長在低地～山林，有時也當成庭院樹木。樹高 10 ～ 20cm，會長出地下莖群生。葉子在莖端輪生。

獨特的波狀葉有鋸齒

葉子類似東瀛珊瑚（P.132），不過略偏細小

↑ 硃砂根 暖 街 生 鋸齒
Ardisia crenata

報春花科 / 小灌木 / 日本關東～沖繩、臺灣

生長在長樹林裡，經常當作庭院樹木。伸長的樹幹上有圓形葉密集著生的樹形是其特徵。樹高 0.4 ～ 1m 左右。

↑ 草珊瑚 暖 街 對生 鋸齒
Sarcandra glabra

金粟蘭科 / 小灌木 / 日本關東～沖繩、臺灣

生長在常綠樹林裡，經常當作庭院樹木。樹高約 0.5 ～ 1m，葉子在莖端十字對生。果實一般是紅色～朱紅色，也有黃色的品種，稱為黃實千兩

百兩金 暖 街 生 全 鋸

Ardisia crispa

報春花科 / 小灌木 / 日本關東～沖繩、臺灣

在日本的別名是「百兩」。有時生長在山野樹林裡，也當作庭院樹木。樹高約 20 ～ 70cm，細長葉集中著生在莖端。也有白色果實、黃色果實等栽培品種。

90%

刺

葉子約 2 ～ 3cm

大小葉每隔一對著生

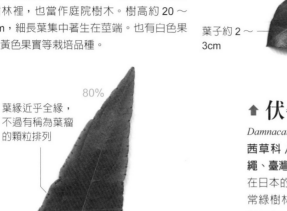

80%

葉緣近乎全緣，不過有稱為葉瘤的顆粒排列

葉柄短

伏牛花 暖 對生 全鋸

Damnacanthus indicus

茜草科 / 小灌木 / 日本關東～沖繩、臺灣

在日本的別名是「一兩」。生長在常綠樹林裡，樹高約 50cm。葉子基部有刺。有許多例外，刺短比葉子的一半更短者，稱為變種大伏牛花。

比較果實看看

硃砂根的果實多數長在葉子底下，直徑約 7mm（1/3）

草珊瑚約長 10 ～ 20 顆，直徑約 6mm（10/27）

百兩金一次約長 10 顆，直徑約 7mm（12/31）

紫金牛一次最多長 5 顆，直徑約 6mm（12/16）

伏牛花一次長 1 ～ 2 顆，直徑約 5mm（4/7）

葉子集中在莖端 1
石斑木等經常用來當作綠籬的灌木

灌木型常綠樹用來當作綠籬的樹種之中，葉子集中在莖端的樹有許多完全是不同科，卻有著相似的外觀，令人混淆。**日本衛矛**的葉子是對生，其他皆是互生，看看有沒有鋸齒、葉背的葉脈，就能夠輕鬆分辨。

開花期的石斑木（5/11）

100%

鋸齒淺且不醒目。偶爾近乎全緣

背面

葉背一開始有褐色星狀毛，成葉一般無毛。葉脈的網格不顯

嫩莖與葉柄密生著褐色星狀毛

烏岡櫟的花（4/24）

↑ 烏岡櫟 街 暖 生 鋸齒 全緣

Quercus phillyreoides

殼斗科 / 小喬木 / 日本關東南部～沖繩

有時生長在近海的岩石地，多半當作綠籬或庭院樹木。雖是青剛櫟（P.166）的夥伴，不過葉子和個子都偏小型，樹高2～8m。木材硬，用來製作備長炭。

葉端一般很鈍 ────

100%

➡ 日本衛矛

Euonymus japonicus

衛矛科 / 灌木 / 日本北海道～沖繩
生長在海岸林地，也當作綠籬或庭院樹木。葉子對生這點可用來與相似種區隔。斑葉的栽培品種多。

背面

⬇ 海桐

Pittosporum tobira

海桐科 / 灌木 / 日本本州～沖繩、臺灣
生長在海岸林～矮山的岩石地等，也種植在公園或院子。一折斷莖葉就會產生微臭。日本在節分時會把樹枝裝飾在門上用來驅魔。

莖是綠色

日本衛矛的果實是 4 裂，會露出朱紅色的種子（12/23）

葉端圓

向陽的葉子會往葉背捲曲

100%

葉背的葉脈不鮮明

葉背隱約可見細細的葉脈網格

背面

海桐的花從白色變成黃色，有香氣（5/19）

小知識　耐海風的海岸型常綠樹，也有許多樹種可耐空氣汙染，因此經常當作都市的植栽。

葉柄經常帶
紅色

← 石斑木

Rhaphiolepis indica

薔薇科／灌木／日本本州～沖繩、臺灣

生長在海岸岩石地或灌木林裡,也經常
種來當作綠籬或街道植栽。葉子在莖端
成車輪狀著生。花類似梅花。

100%

石斑木的花（**4/30**）

葉子一般是橢圓形,有鈍鋸
齒,不過也有些個體的葉子
無鋸齒,或長出接近圓形的
葉子

葉背有很醒目的
葉脈網格

背面

石斑木的果實。黑紫
色,類似藍莓,不過可
食用的部分極少（**12/2**）

馬醉木的花是
白色～粉紅色
的吊鐘形（4/5）

背面

100%

鋸齒小且
不醒目

葉脈的網格
稍微可看見

➡ **馬醉木** 暖 寒 街 ⌇生 ⌇鋸齒

Pieris japonica

**杜鵑花科 / 灌木 / 日本本州～九州、
臺灣**

生長在山地～丘陵山稜等地方，也
生長在落葉樹林裡。樹皮類似南燭
（P.118）有縱向裂口且稍微扭轉。
有毒，馬吃下葉子會像喝醉酒一樣，
因此名叫馬醉木。 有毒

➡ **瑞香** 街 ⌇生 ⌇全緣

Daphne odora

瑞香科 / 灌木 / 原產於中國

春初開花，香氣強烈，種植在院
子或公園裡。日文名稱「沉丁花」
是因為花有類似沉香的香氣，而
且是丁字的形狀。也有斑葉的栽
培品種。

100%

側脈不明顯

背面

葉端寬的
細長形

瑞香的花是桃紅
色～白色，且有
香氣（3/7）

葉子稍微有皺
紋的個體也很
多

樹皮有光澤，褐
色，纖維明顯

葉子集中在莖端 2
楊梅、厚皮香等偏細長的葉子

葉子集中在莖端的常綠樹之中，變成小喬木以上、擁有細長葉的代表種，就是**楊梅**、**杜英**、**厚皮香**等。尤其是楊梅和杜英的外觀十分相似，容易混淆，因此請仔細比較兩者。

楊梅的行道樹。果實直徑 1～2cm
（6/19）

100%

背面

葉端寬的
細長形

整體都有
鈍鋸齒

年輕樹的葉
背主脈經常
帶紅色

← 杜英 暖 街 鋸齒

Elaeocarpus zollingeri

杜英科 / 喬木 / 日本關東南部～沖繩、臺灣

葉子、生長環境與植栽利用皆與楊梅類似，不過其葉子一定有鋸齒。果實與油橄欖（P.186）類似，容易被誤認。在日本的別名是「茂樫」。

杜英的果實長度約
2cm，變成青黑色表
示成熟。經常有少數
變紅的葉子摻雜在其
中是其特徵（10/12）

➡ **楊梅** 暖 街 〈 銽齒

Morella rubra

楊梅科 / 喬木 / 日本關東南部～沖繩、臺灣
生長在靠近海邊的林地或矮山，也種植在院
子、公園或街道。雌株會結可食用的果實，
是與桃子不同的夥伴。樹皮是灰色，有直條
紋。小樹的葉子有粗鋸齒。

成樹的葉
子一般沒
有鋸齒

100%

葉端寬的
細長形

有時也攙雜
有少數鋸齒
的葉子

主脈不會
變紅

背面

葉子是抹刀
形，葉端鈍

葉脈不顯

背面

厚皮香的花與莖
（7/10）

➡ **厚皮香** 暖 街 〈

Ternstroemia gymnanthera

**五列木科 / 小喬木 / 日本
關東南部～沖繩、臺灣**
生長在靠近海邊的常綠樹
林裡。樹形整齊，因此人
稱庭院樹木之王，經常種
植在院子裡。花及香氣均
類似蘭科的石斛。

100%

葉柄多半有
酒紅色

🖉小知識 五列木科在日本有不同的稱呼，因為五列木科的夥伴種類較多，因此本書採用五列木科
的名稱。

100%

葉端比中央寬

背面

互生

葉背帶白色

冬芽細長

莖是黑褐色。豬腳楠是綠色

← 鹿皮斑木薑子 暖

Litsea coreana

樟科 / 喬木 / 日本關東～沖繩、臺灣

零星分布在低地～山地常綠樹林。葉子
類似豬腳楠（P.159），只是小一圈。樹
皮有鹿身上的斑點花樣，成樹的話，只
看樹皮就能分辨（請參考 P.73）。

鹿皮斑木薑子的樹
皮。魚鱗狀剝落，白
色與褐色交雜

鋸齒是小突起狀

90%

稍罕見樹木

背面

山羊耳的果實。
形狀類似蚯蚓頭
（12/25）

→ 山羊耳 暖

Symplocos glauca

灰木科 / 小喬木 / 日本東海～沖繩、臺灣

生長在靠近海邊的常綠樹林，在寺院
樹林和天然林裡也能看見。葉子的長
短有很多例外，成樹一般是全緣葉，
不過小樹或在背陰處的葉子葉端附近
容易出現鋸齒。

葉背帶粉白色，可
看見側脈

鋸齒鈍且
醒目

90%

莓實樹的果實。變
成橘色～紅色就是
成熟了（10/26）

背面

可看見一
些葉脈網
格

← 莓實樹 街 斑室

Arbutus unedo

杜鵑花科 / 灌木 / 原產於南歐

果實與草莓類似，有愈來愈多
人種來當庭院樹木。葉子類似
石斑木（P.152），不過更細長。

90%

多數的側脈是
平行排列，沒
看過其他類似
的葉子

這是三
輪生

背面

葉子三輪生，
一處長 3 片

→ 洋夾竹桃 街 全緣

Nerium oleander

**夾竹桃科 / 灌木 / 原產於印度～地中
海沿岸**

連根多幹樹形，經常種植在院子、街
道、公園。名稱來自於葉子像竹葉，
花像桃子。全株有毒，因此要避免誤
食。 有毒

洋夾竹桃在夏天～秋
天開粉紅色、白色、
紅色的花，很醒目
（10/7）

葉子集中在莖端 3

豬腳楠、日本石櫟、薄葉虎皮楠等

葉子集中在莖端的常綠樹之中,容易弄錯的樹木代表,
就是**豬腳楠**、**日本石櫟**。兩者不同科,不過都是葉子
略大、葉端寬,經常種植在都市裡。葉背、莖端的芽、
葉子的香氣也是區分的重點,因此要仔細比較看看。

種植在公園的豬腳楠。春天開花期會
出現帶紅色的大型冬芽,十分醒目
(4/1)

葉端有些突出。
葉端的寬度最
寬,比中央寬

背面

90%

葉背帶金色,側
脈稍微突起。無
香氣

莖上有
稜線

莖端的冬芽很小

開花的日本石櫟行
道樹(6/17)

← 日本石櫟 街 暖

Lithocarpus edulis

殼斗科 / 喬木 / 日本關東～沖繩
種植在公園、街道、工廠等之外,
也植林當作柴薪使用,因此有野生
的狀態。原本自生在九州以南的尾
根等地區。會生長橡實(P.172),
葉子和橡實長得像馬刀。

葉端稍
微突出

背面

葉背帶白色。
一撕碎就有刺
鼻香氣

← **豬腳楠** 暖 街

Machilus thunbergii

樟科 / 喬木 / 日本本州～沖繩、臺灣
構成溫暖地區常綠樹林的主要樹
種，生長在海岸～矮山。樹高 5～
30m，有可能長成大樹。老樹的樹皮
會產生網格狀裂口。葉子的大小會有
例外。

豬腳楠的果
實（7/23）

與中央相比，
葉端最寬

90%

莖端有一個
大型冬芽

比較樹皮看看

日本石櫟平滑且偏
白，有直條紋

豬腳楠有疣狀皮孔散
布，而且會逐漸裂開

葉長 6～20cm

90%

背面

葉脈的網格比薄葉虎皮楠小

← 特氏虎皮楠 暖 街

Daphniphyllum teijsmannii

交讓木科 / 小喬木 / 日本關東～沖繩

葉子比薄葉虎皮楠小，沒有像薄葉虎皮楠那麼下垂，通常生長在靠近海邊的常綠樹林這點也不同。有時也種植在公園或街道上。

假長葉楠的葉子

小樹的葉子有大鋸齒缺刻

90%

葉子中央～偏基部的地方最寬

葉柄比薄葉虎皮楠細

→ 假長葉楠 暖

Machilus japonica

樟科 / 喬木 / 日本東海～沖繩、臺灣

生長在丘陵～山地河谷的沿岸等地方。葉子比豬腳楠細，冬芽略小。與之類似的長葉木薑子的葉子和冬芽更長。

背面

葉背帶白色。一撕碎葉子會稍微有些刺鼻香氣

薄葉虎皮楠的嫩葉出現的
同時，舊葉就會變黃脫落
（5/9）

薄葉虎皮楠的果
實（12/27）

➡ **薄葉虎皮楠** 暖 寒 街

Daphniphyllum macropodum

**交讓木科／小喬木／日本北海道～九州、
臺灣**

生長在山地～丘陵的樹林裡。可看見舊葉
與新葉的世代交替，因此在日本被視為吉
祥物，用來當作過年裝飾或庭院樹木。在
多雪地區的薄葉虎皮楠會灌木化，稱為亞
種交讓木。

90%

葉長 10 ～
22cm

背面

葉柄一般
帶紅色

葉背經常帶粉白
色。可看見略大
的葉脈網格

161

葉子集中在莖端 4
杜鵑花屬、洋玉蘭、枇杷等

葉子集中在莖端的常綠樹中，若是葉背有毛且褐色～金色的話，首先考慮可能是**杜鵑花屬、洋玉蘭、枇杷**等。在南日本還有其他，如：假長葉楠（樟科）、筆羅子（清風藤科）也是葉背有褐色毛。

西洋杜鵑「太陽」的花（4/13）。杜鵑花屬的特徵之一是莖端有大型芽

 暖 寒 全緣

⬇ 牧野氏杜鵑

Rhododendron makinoi

杜鵑花科 / 灌木 / 日本靜岡縣、愛知縣

在山地很罕見，偶爾也當庭院樹木。在日本的別名是遠州石楠花。 有毒

葉子非常細長是其特徵

背面
80%

不同栽培品種的葉子形狀也不同

背面
80%

街 全緣

➡ 西洋杜鵑群

Rhododendron spp.

杜鵑花科 / 灌木 / 園藝種

利用日本國內外的杜鵑花屬交配之後，主要在歐洲進行改良的栽培品種總稱。花又大又鮮豔，葉背多半是淡綠色。種植在街道上的杜鵑花類多半是本種。 有毒

毛密生成海綿狀。表面稍微有皺紋

 罕見的樹

正東瀛七花杜鵑的花是粉紅色～白色。花冠一般是 7 裂，雄蕊有 14 根。（4/10）

80%

稍罕見樹木

葉子愈年輕愈白，葉子愈老顏色愈深

背面 80%

東石楠花的葉背。毛密生，但沒有形成海綿狀

背面

筑紫杜鵑的葉背。毛厚密生，呈海綿狀。顏色深淺常有例外

⬆ 東石楠花 寒 街 (金樣

Rhododendron degronianum

杜鵑花科 / 灌木 / 日本東北地方～中部地方

生長在關東附近的山地山稜或岩石地，有時當作庭院樹木。花是 5 裂，雄蕊有 10 根。 有毒

寒 街 (金樣

⬆ 正東瀛七花杜鵑

Rhododendron japonoheptamerum

杜鵑花科 / 灌木 / 日本中部地方～九州

生長在山地山稜或岩石地，花開得又大又美，因此當作庭院樹木。葉背有褐色的毛密生；分布在紀伊、四國、九州的樹種的毛尤其厚，稱為變種筑紫杜鵑。 有毒

小知識 杜鵑花類的葉子等含有木藜蘆毒素，誤食會出現想吐、呼吸困難等症狀。

葉子硬，葉
面稍微下凹

80%

← **洋玉蘭** 街 (

Magnolia grandiflora

木蘭科 / 喬木 / 原產於北美

葉背有金色毛密生的大型葉，以及
類似日本厚朴（P.20）的大花是其
特徵。因為其模樣像是中國的泰
山，因此在日本稱為「泰山木」。
也種植在院子或公園裡。

山月桂的花與葉（6/1）

葉端尖，
有腺體

80%

稍罕見
樹木

葉背密生
著帶金褐
色的毛

背面

洋玉蘭的花直徑
約20cm（6/21）

背面

莖有一圈托
葉痕的線

→ **山月桂** 街 (

Kalmia latifolia

杜鵑花科 / 灌木 / 原產於北美

在日本的別名是美國杜鵑，外觀看來介
於杜鵑花和馬醉木（P.153）之間。樹
皮有縱向裂口，與馬醉木相似。花像金
平糖一樣是五角形，有白色、粉紅色、
紅色等，有時種植在院子或公園裡。

正反兩面無毛，
葉脈不顯

➡ 枇杷

Eriobotrya japonica

薔薇科 / 小喬木 / 原產於中國、臺灣

種來當作果樹或庭院樹木，在溫暖地區的樹林裡也可看見野生化的枇杷。果實在夏初成熟變成黃橙色。葉子屬於大型葉，經常用來當作民俗療法的茶、灸、貼布等。

葉背密生著褐色的捲毛

背面

有的鋸齒粗，有的鋸齒淺

80%

葉子硬，側脈變成醒目的皺紋

枇杷的花在冬天開（12/27）

📝小知識　類似洋玉蘭，葉子偏小且薄，葉背是白色的樹木之中，包括北美木蘭、深山含笑，有時也有人工栽培作為植栽。

會結橡果的常綠樹
日本產的所有櫟樹類

殼斗科櫟屬（*Quercus*）之中，常綠樹一般稱**櫟樹（或橡樹）**。櫟樹類是構成溫暖地區樹林的主要樹種，葉子多半稍微細長且有鋸齒，側脈平行排列，葉子略集中著生在莖端。這裡介紹 9 種在日本自生的櫟樹類。

種植在住辦大樓區的黑櫟和果實（10/30）

葉背是帶灰白色～金色的淺綠色，長著細毛

背面

90%

葉端一半都有大鋸齒

葉子最寬的部分是中央～靠葉端的地方

葉 長 3 ～ 6cm，葉端圓

← 青剛櫟 暖 街 鋸齒

Quercus glauca

殼斗科 / 喬木 / 日本本州～沖繩、臺灣

西日本最多的櫟樹類代表樹種，通常生長在低地～山林略貧瘠的土地上，有時也種植在院子和公園。葉子是比黑櫟寬的逆蛋形，有粗鋸齒，但葉形例外多。

青剛櫟的花與嫩葉。櫟樹類的花是黃綠色，而且呈繩索狀下垂生長，春天開花，看起來不華麗（4/16）

← 烏岡櫟 街 暖 鋸齒 全緣

小喬木。葉子是櫟樹類之中最小，而且明顯集中著生在莖端。
→ P.150

↓ 黑櫟 暖 街 ⟨齒

Quercus myrsinifolia

殼斗科 / 喬木 / 日本本州～九州

日本關東地方最多的櫟樹類代表樹種，生長在低地～山林或岩石地，也經常種植在街道、公園、院子。葉背略白。

↓ 白背櫟 暖 ⟨齒

Quercus salicina

殼斗科 / 喬木 / 日本本州～九州

生長在山地～低地樹林的野生櫟樹代表樹種，很少有人工種植。葉子類似黑櫟，不過葉背比黑櫟更白，且鋸齒粗。落葉葉背的白色更明顯。

背面

鋸齒淺，
略鈍

90%

葉背淺綠色且
幾乎無毛

90%

鋸齒比黑
櫟銳利

葉緣稍微呈
波狀，葉子比
黑櫟略薄

葉背有抹了蠟
的質感，是白
色～綠白色

背面

黑櫟的樹皮。黑褐
色，有直條紋。青剛
櫟、白背櫟也是。

90%

無鋸齒，稍
微成波狀

葉柄 約 3cm，
很長

葉背是綠色

← 日本常綠櫟 暖 〈 全緣

Quercus acuta

殼斗科 / 喬木 / 日本本州～九州

生長在山地～矮山山稜附近等地
方，有時也與圓齒水青岡混生。樹
材是紅色，樹皮也帶橘色。葉子是
全緣葉，也是櫟樹類之中最大。

日本常綠櫟的樹皮是
樹愈老，愈會呈魚鱗
狀剝落

暖 〈 鋸齒 〈 全緣

↰ 高尾山櫟

Quercus × takaoyamensis

日本常綠櫟與檞子櫟的
雜交種，葉子介於兩者
之間。在西日本較多自
生種。

微鋸齒或
全緣葉

90%

背面
90%

葉柄比日本
常綠櫟短

葉背是白色～
綠白色

沖繩
的樹

暖 〈 鋸齒 〈 全緣

→ 沖繩裏白櫟

Quercus miyagii

殼斗科 / 喬木 / 日本奄美、沖繩

生長在副熱帶河谷沿岸的樹林。與白背
櫟類似，不過葉子更長，有時近乎全緣
葉。其橡實也是日本最大（P.173）。

本田氏櫟 暖 〈鋸齒〉

Quercus hondae

殼斗科 / 喬木 / 日本四國、九州
主要生長在南九州矮山的稀少
種，在自生地能夠形成樹林。葉
子的葉形長，類似赤皮，與橿子
櫟關係較近。

⇒ 橿子櫟 暖 〈鋸齒/全緣〉

Quercus sessilifolia

殼斗科 / 喬木 / 日本本州～九州、臺灣
生長在丘陵～山林，在西日本的小溪谷
沿岸或岩石地較多。細葉集中在莖端，
朝上長，模樣類似橿子的羽毛是其名稱
的由來。

葉端附近有
微鋸齒

90%

背面
90%

罕見
的樹

也有全
緣葉

橿子櫟、日本常
綠櫟、本田氏櫟
的特徵是葉背為
較深的綠色

背面

稍罕見
樹木

葉端一半
有鋸齒

稍罕見
樹木

葉柄短且
略不顯

⇐ 赤皮 暖 〈鋸齒〉

Quercus gilva

**殼斗科 / 喬木 / 日本關
東南部～九州、臺灣**
九州最多的櫟樹，生長
在低地～山林，有時種
植在神社等地方。樹皮
是淺褐色，會縱向不規
則剝落。日文名稱「一
位樫」據說是因為它的
材質最優質。

葉背是綠
色，正反
兩面無毛

冬芽細長，
帶紅色

背面

葉背和葉
柄有褐色
星狀毛密
生

90%

葉背帶金色

栲樹類等

殼斗科**栲屬**（*Castanopsis*）、**胡頹子科**的葉子特徵是，葉背為有光澤的褐色，也就是看來像金色。栲樹類是構成溫暖地區樹林的主要樹種，有鋸齒與無鋸齒的葉子交雜在一起。常綠的胡頹子科介紹請見 P.63。

開花期的長椎栲。樹冠茂密，是一片奶油色，從遠處看來也非常顯眼（5/20）

比較樹皮看看

尖葉栲的樹皮平滑，多少有些縱向凹溝

長椎栲的樹皮有明顯的縱向裂口

尖葉栲的花（5/19）

金色～銀色的鱗狀毛密生

背面 50%

暖 街 全球 ➡ 胡頹子屬

灌木～蔓生植物，全緣葉。
→ P.62

← 尖葉栲 暖 全球 鋸齒

Castanopsis cuspidata

殼斗科 / 喬木 / 日本東海～九州

與長椎栲都稱為「栲樹」，構成矮山～海岸的副熱帶常綠闊葉林。果實比長椎栲圓且小，莖也比長椎栲細，葉子又薄又小，因此在日本也稱為小栲樹。

100%

全緣葉與鋸齒葉混在一起。葉長約 5～10cm

背面

莖細

葉背帶金色～淺褐色

鈍鋸齒葉與全緣
葉數量差不多,
混合在一起

背面

100%

全緣葉。葉長
6〜15cm

葉背帶金色〜
淺褐色,顏色
深淺沒有一致

莖略粗

→ **長椎栲** 暖 街 ⟨⟮⟯

Castanopsis sieboldii

殼斗科 / 喬木 / 日本本州〜沖繩

構成海岸〜矮山的副熱帶常綠闊葉
林的代表樹種,與豬腳楠、櫟樹類
混生。有時當作公園樹與庭院樹
木。莖葉比尖葉栲大,果實細長
(P.173)。名稱由來不明。在日
本的別名是板椎。

子彈石櫟的花在
秋天開(9/26)

葉子是逆蛋
形,葉背略
帶金色

背面
50%

→ **子彈石櫟** 暖 ⟨⟮⟯

Lithocarpus glaber(*Pasania glaber*)

殼斗科 / 喬木 / 日本東海〜九州、臺灣

屬於與櫟樹類、栲樹類不同的日本石櫟
(P.158)的夥伴,生長在矮山。橡實
底部向內凹。葉子比日本石櫟短。

稍罕見
樹木

橡實的外觀比較
主要是殼斗科樹木的果實

殼斗科的果實是硬殼包覆的堅果被碗狀殼斗覆蓋著，一般稱為橡實（不過通常栗子、殼斗類、栲樹類除外）。外型和大小的個體差異大，不過只看橡實在某種程度上也能夠分辨出樹種，因此請試著比較看看。

堅果是三角錐形

圓齒水青岡

堅果接近球形，也是日本最大

殼斗有類似海葵的長鱗片

麻櫟

堅果。與麻櫟的橡實幾乎相同

栓皮櫟

●櫟樹類與日本石櫟類的殼斗是魚鱗狀；櫟樹類是橫條紋，唯有烏岡櫟例外，明明是櫟樹類卻是魚鱗狀，與櫟樹類的關係較接近。殼斗類和栲樹類的殼斗是包覆整個堅果。

●春天開花，第二年秋天成熟的橡實包括：麻櫟、栓皮櫟、烏岡櫟、白背櫟、沖繩裏白櫟、日本常綠櫟、毽子櫟、日本石櫟類、栲樹類。其他皆是第一年秋天成熟。

留有長雌蕊的痕跡

鱗片細長尖銳

槲樹

比思茅櫧櫟大型且顏色深

粗齒蒙古櫟

大型，一般有微毛

槲櫟

外型窄細，色彩明亮

思茅櫧櫟

生長在愛知縣附近等的
珍貴種。橡實屬於大型，
且尖端內凹

蒙古櫟

兩端尖的形狀

烏岡櫟

日本最大的橡
實，大的橡實
長度可達 4cm

沖繩裏白櫟

在同一棵青剛櫟上也
有不同長短的橡實，
例外多。左邊是沖繩
產的變種奄美青剛櫟

青剛櫟

櫟樹類之中最
小的。與白背
櫟的橡實也十
分相似

黑櫟

殼斗有軟毛覆
蓋。與橻子櫟的
橡實也很類似

日本常綠櫟

長形的堅果
像砲彈

石櫟屬
的堅果
底部內
凹

日本石櫟

子彈石櫟

頂端有微毛

赤皮

堅果是長
橢圓形

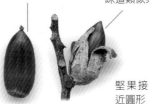

長椎栲

栲屬的堅果是皮狀殼
斗包覆整體，像香蕉一
樣剝開就會掉出堅果。
味道類似栗子，可生吃

堅果接
近圓形

尖葉栲

類似青剛櫟的鋸齒葉

山茶、紅芽石楠、多青等

一提到葉子屬於中型（長度 10cm 左右）而且有鋸齒的常綠樹，最具代表性的就是櫟樹類（P.166），不過本頁收集的是櫟樹類之外十分相似的葉子。觀察葉子、鋸齒形狀、葉背、莖、芽等，進行綜合性區分吧。

當作植栽的山茶樹形。花是紅色半開狀（2/2）。雪茶的花是平開

↓ 紅芽石楠 暖 街

Photinia glabra

薔薇科 / 小喬木 / 日本東海～九州

生長在乾燥矮山等。嫩葉帶紅，也種來當作綠籬，不過近年來改種紅葉石楠「紅羅賓」。樹皮有細裂口。

↓ 紅葉石楠「紅羅賓」 街

Photinia × fraseri 'Red Robin'

薔薇科 / 小喬木 / 園藝種

紅芽石楠與南日本產的石楠交配製造的栽培品種，嫩葉會變正紅色。稱為紅葉石楠，多用來當作綠籬。

鋸齒小但銳利

葉子質地偏硬，葉端寬。正反兩面無毛

90%

90%

葉背稍微可看到葉脈

背面

葉柄多半有鋸齒

葉柄比紅芽石楠長，沒有鋸齒

有點年輕的葉子。葉子比紅芽石楠大且寬

紅葉石楠「紅羅賓」的花與嫩葉（5/3）

葉子厚且寬。據說名
稱來自「厚葉木」

← 日本山茶 暖 街

Camellia japonica

茶科 / 小喬木 / 日本本州～
沖繩、臺灣

大範圍生長在海岸～山林，也
種植在院子、公園、街道。在
多雪地區分布的是灌木狀的
雪茶。雙重花瓣或多樣花色的
栽培品種也很多，通稱山茶。

背面　90%

莖葉無毛。
雪茶的葉柄
有毛

葉端略
微內凹

茶花（12/2）

90%　　　　　　　　背面

→ 茶 街 暖

Camellia sinensis

茶科 / 灌木 / 原產於中國～印度、
臺灣

嫩葉用來製作茶葉，因此栽種在田
裡或院子裡，也當作綠籬。也在靠
近人類居住地的樹林裡野生化。樹
高約 **1m**。

葉脈下凹
且有皺紋

90%

鋸齒淺

背面

稍罕見
樹木

葉柄有時帶
紅色

← 冬青 暖

Ilex chinensis

冬青科 / 小喬木 / 日本東海～九州、臺灣

有時生長在西日本山野林地，偶爾會當作庭院樹木。葉子類似櫟樹類（P.166）。名字叫冬青但來源不明。結果很多，因此在日本也叫「七實」、「長實」、「斜實」等。

冬青的果實略呈橢圓形（11/29）

與櫟樹類不同，葉背是淺綠色，側脈稍微可看見。正反兩面無毛

90%

小樹有針刺狀鋸齒，因此在日本也稱為柊樫

罕見
的樹

背面

→ 刺葉桂櫻 暖

Laurocerasus spinulosa

薔薇科 / 喬木 / 日本關東～九州

有時生長在山地～丘陵河谷沿岸等地方。黃土樹（P.131）的夥伴，秋天時白花形成總狀花序。樹皮一開始有橫向皮孔。

刺葉桂櫻的舊葉變紅掉落（3/23）

成樹的葉子幾乎全緣葉，有波狀葉緣

葉端一半有少
數淺鋸齒

背面

山桂花的果實
（1/12）

← 山桂花 暖

Maesa japonica

**報春花科 / 灌木 / 日本關東～沖
繩、臺灣**

生長在靠近海邊的林地～矮山潮溼
的常綠樹林裡，經常群生。樹高約
1m，連根多幹樹形。莖下垂伸長。

90%

鋸齒略鈍

80%

稍罕見
樹木

葉背可清楚
看見側脈

花蕾

背面

→ 昆欄樹 寒 暖

Trochodendron aralioides

**昆欄樹科 / 小喬木 / 日本本
州～沖繩、臺灣**

緊貼在溪谷懸崖等山地潮溼的
岩石地生長，落葉林裡很多。
葉子集中在莖端形成車輪狀。

昆欄樹的花與葉
（4/24）

葉背可看見葉
脈的網格。正
反兩面無毛

葉子從圓形到
葉端寬的形狀
都 有， 變 異
多，小樹的葉
子尤其細長

有鋸齒的小型葉
柃木、茶梅、灰木科等

這裡收集的是葉長約 5cm，有鋸齒的葉子。其中柃木、**凹葉柃木、茶梅、冬紅短柱茶**的葉端略微內凹，這是很好的區分點。P.180 的**灰木科**的樹，主要分布在西日本。

柃木的花（3/27）與果實（11/9）

葉端稍微內凹

100%

嫩莖有很多略長的毛

背面

← 茶梅 街 暖

Camellia sasanqua

茶科 / 小喬木 / 日本四國、九州、沖繩
生長在南日本常綠樹林裡，在日本各地也當作綠籬或庭院樹木。葉子明顯比山茶更小，而且花平開、花瓣一片片凋落，也與山茶不同。也有很多粉紅色花或雙重花瓣的栽培品種。

茶梅原始種的花是白色（11/5）

正反兩面都是主脈上有毛。葉子寬窄情況各有不同

葉背可看見葉脈的網格。正反兩面無毛

背面

頂芽是小鎌刀形

100%

葉端較寬的葉形

→ 柃木 暖 街

Eurya japonica

五列木科 / 小喬木 / 日本本州～沖繩
生長在低地～山林裡。也種植在寺院、院子、公園。與紅淡比（P.184）一樣，多半用在祭神活動上，葉子比紅淡比小。

葉端稍微內凹

➡ 冬紅短柱茶 街

Camellia × hiemalis

茶科 / 灌木 / 園藝種

一般認為是茶梅與日本山茶雜交的
栽培品種群，花與葉的形狀介於兩
者之間。「勘次郎」與「獅子頭」
經常種來當綠籬。

葉子比茶梅
略大且厚

葉端稍
微內凹

100%

冬紅短柱茶的花
是紅色平開，且
一片片花瓣凋零
（12/12）

葉端尖

莖葉和葉柄有
毛，但毛量比
茶梅少

← 米飯花 暖 街

Vaccinium bracteatum

**杜鵑花科 / 小喬木 / 日本關東南部～沖
繩、臺灣**

生長在低地～矮山山稜或乾燥樹林裡，有
時也當庭院樹木。樹皮帶紅色，會縱向剝
落。日文名稱「小小坊」是方言，意思是
小小的圓果實。

米飯花的果實可
以食用（11/20）

背面

100%

葉背的主脈上
有數個小突
起，用手指滑
過會被勾住

➡ 凹葉柃木 街 暖

Eurya emarginata

**五列木科 / 灌木 / 日本關東南
部～沖繩、臺灣**

生長在海岸，也當作綠籬、庭
院樹木、行道樹。葉子比柃木
偏圓，且密集排列在莖上。

凹葉柃木的果實
與花（12/25）

100%

葉端內凹

葉脈皺
紋明顯

背面

葉子的形狀普通者 ◆ 互生 ↙ 鋸齒緣 ∨

100%

鋸齒鈍

扁平且側
脈不顯

背面

稍罕見
樹木

莖葉均無毛

赤楠灰木的花
（4/24）

← **赤楠灰木** 暖 寒 街

Symplocos myrtacea

灰木科 / 小喬木 / 日本近畿～九州

有時生長在山地的日本冷杉、南日本鐵杉林
或岩石地等地方。近年有時也當作庭院樹木。
灰木科的樹含有許多鋁，用來當作灰色的染
料媒染劑，因此稱為灰木。

100%

稍罕見
樹木

→ **尾葉灰木** 暖

Symplocos prunifolia（*Symplocos caudata*）

**灰木科 / 小喬木 / 日本關東南部～沖
繩、臺灣**

有時生長在低地～矮山山稜或乾燥林
地。夏初樹冠會開滿白花，非常醒目。
葉子偏黑。樹皮是黑褐色，而且有很多
疣狀皮孔。

葉子是帶黑
色的綠色

冬芽是
水滴形

葉柄、莖、冬
芽均帶紅色

背面

莖葉均
無毛

正值開花期的尾葉灰
木（5/7）

葉子類似全緣葉冬青，不過一般有鋸齒，也可看見側脈

100%

黑幹灰木的花（3/21）

← **黑幹灰木** 暖

Symplocos kuroki

灰木科 / 小喬木 / 日本中國地方、四國、九州

分布雖然偏西，不過個體數多，經常生長在低地～矮山林地。樹皮平滑，有直條紋且偏黑，因此稱為黑幹。

莖端的冬芽尖突醒目

背面

莖葉均無毛

莖是淺綠色且有稜線

細長葉子和刺是其特徵

三種之中葉子最長。洋火刺木也與之類似，不過略寬

100%

細齒火刺木葉子。有淺鋸齒，正反兩面幾乎無毛

背面

窄葉火刺木的葉子。無鋸齒，葉背有白毛密生

100%

背面

叢生在短莖上

莖端有刺

細齒火刺木的果實是紅色～紅橙色（1/10）

火刺木 街 暖

Pyracantha sp.

薔薇科 / 灌木

種來當作庭院樹木或綠籬，有時在山野裡野生化。果實在秋天～冬天會變成紅色～橘色，很醒目。葉子是細長的抹刀形，叢生成一束，莖上有刺，這些都是分辨的重點。「火刺木」是火刺木屬的學名，主要有原產於西亞的洋火刺木、原產於喜馬拉雅山的細齒火刺木、原產於中國的窄葉火刺木這三種，不過有很多雜交種，有時也很難分辨。

小知識 其他灰木科的常綠樹還有山羊耳（P.156）、山豬肝（P.133）、光葉山礬（西日本罕見）等。

全緣且平滑的葉子

冬青科、紅淡比、蚊母樹等

全緣葉且葉脈不易看的葉子代表就是**全緣葉冬青**。這裡收集的是與**冬青類**相似的樹種。但是當中也有許多在小樹期有鋸齒。除此之外，十分類似的日本女貞（P.186）葉子是對生，白花八角（P.143）則是葉子有香氣，因此能夠區分。

全緣葉冬青的自然樹形與雄花（3/8）

100%

小樹的葉子有許多細鋸齒

背面

正反兩面都能看到一點側脈

嫩莖和葉柄一般帶黑紫色

年輕的果實

← 鐵冬青 暖 街

Ilex rotunda

冬青科 / 喬木 / 日本關東～沖繩、臺灣

在西日本很多，生長在靠近海邊的常綠樹林，也種植在院子、街道、公園裡。葉子比全緣葉冬青寬，葉脈多少能看見。嫩莖等會變成黑色。

比較果實看看

鐵冬青的果實直徑約 6mm，密集生長（3/9）

刻脈冬青的果實直徑約 8mm，有長柄（1/2）

全緣葉冬青的果實直徑約 1cm，略稀疏（11/19）

➡ 全緣葉冬青 暖 街

Ilex integra

冬青科 / 小喬木 / 日本本州～沖繩、臺灣

生長在海岸～矮山樹林裡，也種植在院子
或公園裡。在關東地方尤其多。樹皮可採
集黏鳥膠。冬青類的樹皮偏白且平滑。

100%

正反兩面都
看不見側脈

葉子是橢圓形

100%

小樹或生長快
速的莖葉，會
有少數銳利的
鋸齒

背面

背面

波狀葉緣。
小樹期有少
量的鋸齒

葉柄有時帶
黑紫色

有時會出現
少量的鋸齒

背面

蚊母樹形成的
蟲癭。大的長
度 可 達 10cm
（11/11）

葉背可看
見葉脈

⬆ 刻脈冬青 暖 寒 街

Ilex pedunculosa

**冬青科 / 小喬木 / 日本本州～九
州、臺灣**

生長在丘陵～山地貧瘠的松林或山
稜，有時種來當庭院樹木。

➡ 蚊母樹 暖 街

Distylium racemosum

金縷梅科 / 喬木 / 日本關東南部～沖繩、臺灣

南日本很多，生長在低地～山地常綠樹林，也
種來當作綠籬。特徵是莖葉上經常有大小蟲
癭。果實是褐色，直徑約 1cm。樹皮帶紅色。

100%

蟲癭

📖小知識　蚊母樹的蟲癭類型有五種以上，主要是蚜蟲類寄生形成的。

100%

正反兩面
的側脈都
不明顯

背面

莖端的冬芽
為長鐮刀形
就是醒目的
特徵

供奉在神壇的紅淡比
枝葉

與枻木不同，它
是全緣葉。小樹
等的葉子偶爾有
鋸齒

← 紅淡比 暖 街

Cleyera japonica

五列木科 / 小喬木 / 日本關東～沖繩、臺灣

生長在低地～矮山的常綠樹林。莖葉用於祭神
活動上，因此經常種植在神社裡；野生化的紅
淡比也有很多。相對於枻木（P.178），在日
本也可稱為「本枻木」。

葉薄，正反
兩面有毛且
質地粗糙

紅花繼木的嫩葉
也多半是紅色

背面

葉背帶
白色

紅花繼木的
花（4/30）

葉子薄且粗糙的庭園樹木

紅彩木 街 暖

Loropetalum chinense

**金縷梅科 / 灌木 / 日本靜岡縣、三
重縣、熊本縣，原產於中國**

偶爾生長在溫暖地區的林地，近年
來愈來愈多人把它當成綠籬或庭
院樹木。日本產的是白花，中國的
是開粉紅色花的變種紅花繼木，植
栽以後者為多。日文名稱「常磐滿
作」是常綠的日本金縷梅（P.33）
的意思。

➡ **烏心石** 暖 街

Magnolia compressa

木蘭科 / 喬木 / 日本關東南部～沖繩、臺灣

有時生長在矮山或靠近海邊的林地，也種植在神社，當作招靈的樹。葉子與豬腳楠（P.159）、日本辛夷（P.46）類似，在日本的別名是常磐辛夷。

烏心石的花直徑 約 3cm，且有香氣（3/27）

葉端寬的葉形

稍罕見樹木

100%

葉背帶白色

背面

冬芽、葉柄、嫩莖長著金色的毛

莖上有一圈托葉痕跡線

葉端寬的菱形

稍罕見樹木

100%

莖與冬芽有許多黑褐色的毛

含笑花的花有類似香蕉的強烈香氣（5/1）

⬅ **含笑花** 街

Magnolia figo

木蘭科 / 灌木 / 原產於中國

類似烏心石，不過葉子略短，無葉柄，莖毛更多，花香更強。有時也種植在院子或公園裡。日文名稱「唐種招靈」的意思是中國（唐）產的樹種。

葉子對生的常綠樹
日本女貞、山黃梔、丹桂等

葉子對生的常綠樹很少，最具代表性的就是**日本女貞**、**丹桂**等木犀科，以及**山黃梔**、六月雪（P.147）等的茜草科。其他還有東瀛珊瑚（P.132）、珊瑚樹（P.132）、草珊瑚（P.148）、日本衛矛（P.151）等。

日本女貞的花。圓錐花序（6/8）

背面　　　　　　　　　100%

側脈不顯，對著光也看不見

從對生的分支點就能夠與全緣葉冬青（P.183）明確區分

↑ 日本女貞 暖 街 全緣

Ligustrum japonicum

木犀科 / 灌木 / 日本關東～沖繩、臺灣

經常生長在海岸～矮山的常綠樹林裡，也種來當作綠籬或公園樹。葉子類似全緣葉冬青，果實類似老鼠屎。樹高約2～5m，樹皮偏白，皮孔零星分布。

長果實的油橄欖（8/25）

➡ 油橄欖 街 全緣

Olea europaea

木犀科 / 小喬木 / 原產於地中海沿岸

種植當作庭院樹木或果樹，果實可採收橄欖油。葉子質地硬，適合乾燥土地，在日本稱為硬葉樹，與日本的副熱帶常綠闊葉林感覺有些不同。

正反兩面有鱗狀毛，看起來是青白色

背面　　　　　　100%

葉背明顯偏白

背面

側脈略顯,
對著光就能
夠看清楚

葉子比日本女貞大
一圈,且較薄

100%

↑ 女貞 街 暖 全球

Ligustrum lucidum

木犀科 / 小喬木 / 原產於中國

葉子比日本女貞大,側脈可看見,
樹高可達將近 10m。種來當作綠
籬或公園樹,也經常在都市近郊
野生化。

比較果實看看

日本女貞是橢圓形　　女貞是接近球形

竹柏的果實是覆蓋
著白粉的球狀,直
徑約1.5cm(7/22)

背面

稍罕見
樹木

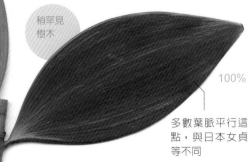

100%

多數葉脈平行這
點,與日本女貞
等不同

← 竹柏 暖 街 全球

Nageia nagi

**羅漢松科 / 喬木 / 日本紀伊、四國、
九州、沖繩、臺灣**

雖然有闊葉,卻是大葉羅漢松同屬
針葉樹的夥伴。偶爾生長在靠近海
邊的林地或矮山。被視為是熊野大
神的神木,經常種植在神社裡。樹
皮有剝落的斑駁花紋。

↓ 山黃梔 暖 街 全緣

Gardenia jasminoides

茜草科 / 灌木 / 日本東海～沖繩、臺灣

生長在西日本的林地，也在各地當作庭院樹木或綠籬、行道樹。果實用來製作黃色的色素，成熟後也不會開口，因此在日本也稱為「無口」。

100%

山黃梔的花。從白色變成淺黃色，有強烈香氣（6/19）

背面

莖端的芽是綠色尖突

山黃梔的果實有 5 稜線（2/16）

平行排列的多數側脈很醒目

100%

葉子對生或三輪生，葉柄基部有筒狀的托葉（右）

← 馬櫻丹 街 綠籬

Lantana camara

馬鞭草科 / 灌木 / 原產於中南美

花色多樣且色彩多變，因此在日本稱為七變化。種植在溫暖地區的院子或公園，在南日本野生化。莖上經常有刺。

葉薄，一揉就有強烈香氣

100%

年輕的果實。成熟就會變成黑紫色

馬櫻丹的花。顏色有黃、橘、粉紅、紅、白色等

正反兩面有毛且質地粗糙

白色綿毛
密生

背面

➡ 斐濟果 街 (全緣

Feijoa sellowiana

桃金孃科 / 灌木 / 原產於南美

種植在院子或公園裡當作果樹或
花樹。果實在晚秋成熟，綠色的
橢圓形，長度 5～10cm。在日
本的別名是鳳梨芭樂。

稍罕
見樹木

斐濟果的花。大量
的紅色雄蕊很獨特
（6/20）

➡ 丹桂 街 (全緣 ⟨鋸齒

Osmanthus fragrans var. *aurantiacus*

木犀科 / 小喬木 / 原產於中國

會散發強烈香氣的花樹，經常種
植在院子或公園。花的顏色可用
金色來比喻，因此日文名稱叫金
木犀。淺黃色花的變種薄黃木犀
也種來當作庭院樹木。

丹桂的花是橘色，秋
天開花（10/1）

一般是全緣
葉，也有葉
端一半有鋸
齒的葉子

100%

葉子硬，
皺紋明顯

葉子比丹桂略
寬，整體有銳
利的細鋸齒。
有時是全緣

100%

桂花的花是白
色（9/28）

背面

葉背的葉
脈隆起

稍罕
見樹木

⬅ 桂花 街 ⟨鋸齒 (全緣

Osmanthus fragrans var. *fragrans*

木犀科 / 小喬木 / 原產於中國

丹桂的標準變種，花是白色。植栽
略少。在日本的別名是木犀。

對生的 5 ～ 9 裂葉子

楓樹類（雞爪槭類等）

一看到分裂葉對生的話，就可以當作是**楓樹類**（無患子科楓屬＝ *Acer*）。楓樹類之中有 7 裂左右深缺刻者，在我們身邊最常見的就是**雞爪槭、大紅葉槭、山紅葉槭**，這些一般在日本稱為「紅葉」。

雞爪槭的葉子是紅色～黃色，很漂亮（11/9）

鋸齒一般是細單鋸齒

80%

葉子 7 裂，有時是 9 裂。裂片一般較粗，不過形狀沒有一定

黃葉
80%

⬅ 大紅葉槭 寒 暖 街

Acer amoenum var. *amoenum*

無患子科 / 小喬木 / 日本北海道～九州
葉子比雞爪槭大一圈，生長在山地～丘陵，也經常種植在院子或公園。鋸齒細，葉子轉紅是變成紅色或黃色。葉子在春～夏是紅紫色的栽培品種叫野村紅葉。

⬇ 細花槭 寒

Acer micranthum

無患子科 / 小喬木 / 日本本州～九州
生長在山地的粗齒蒙古櫟樹林等地方，葉子是 3 ～ 5 裂之外還有深鋸齒，形狀獨特。葉子比生長在高山的圓葉楓小。紅葉是紅色～朱紅色。

大紅葉槭的年輕果實。成熟就會變成褐色掉落（9/1）

紅葉
80%

裂片頂端伸長。圓葉楓沒有伸長

大型重鋸齒很醒目

雞爪槭的樹皮有直條紋。本頁其他的也一樣

雞爪槭的花（4/4）

鋸齒是大小雙重的重鋸齒

80%

紅葉

葉柄是紅色～綠色。本頁其他的也一樣

➜ 雞爪槭 暖 寒 街

Acer palmatum

無患子科 / 小喬木 / 日本本州～九州

生長在丘陵～山林裡，也經常種植在院子、公園、寺院、街道的代表樹種。葉子是楓樹類之中最小。在日本的別名高雄楓是以京都的高雄命名。

葉子 7 裂，有時是 5 裂，裂片細

⬇ 山紅葉槭 寒 街

Acer amoenum var. *matsumurae*

無患子科 / 小喬木 / 日本北海道、本州

大紅葉槭的變種，分布在靠日本海側，有明顯的重鋸齒。也有許多雞爪槭、大紅葉槭、山紅葉槭交配產生的栽培品種。

葉子是 9 裂或 7 裂，裂片略粗

鋸齒是大小雙重的重鋸齒，不過有時不易與大紅葉槭區分

80%

靠日本海側的樹

紅葉

對生的 7 ～ 13 裂圓形葉

楓樹類（團扇槭類）

楓樹類當中，缺刻最多的就是**團扇槭類**。葉子幾乎是圓形，而且多半是 9 ～ 11 裂。4 種團扇槭類之中，**席博氏槭**的個體數尤其多，圓齒水青岡樹林之中也有很多**團扇槭**。

團扇槭色彩繽紛的紅葉（11/2）

葉子 7 ～ 9 裂，有相對較鈍的重鋸齒

背面

葉背基部有毛聚集。這是團扇槭類的共同點

葉柄比葉身長 1/2，有毛

← 席博氏槭 寒

Acer sieboldianum

無患子科 / 小喬木 / 日本本州～九州
生長在丘陵～山林裡，樹高可達 5 ～10m 左右。葉子形狀多變，不過毛多、葉柄相對較長是其特徵。在日本的別名是板屋名月。

80%

→ 薄葉槭 寒

Acer tenuifolium

無患子科 / 小喬木 / 日本本州～九州
生長在山地的粗齒蒙古櫟樹林等，不過數量很少。葉子是團扇槭類當中最小，類似山紅葉槭但缺刻多。紅葉一般是橘色。

缺刻的基部容易形成縫隙

粗重鋸齒很醒目

80%

稍罕見樹木

團扇槭的花。嫩葉下
垂（4/13）

葉子是 9～11 裂，
缺刻較淺。葉脈有
略為明顯的下凹

80%

重鋸齒略
尖銳

背面

葉柄有毛，長
度不到葉身的
一半

➡ 團扇槭 寒 街

Acer japonicum

無患子科 / 小喬木 / 日本北海道、本州
主要生長在山地的圓齒水青岡樹林，在
寒冷地區也當作庭院樹木。葉子是團扇
槭類之中最大，直徑約 10cm，看來就
像圓扇。在日本的別名是名月楓。

紅葉
80%

葉子一般是 11～
13 裂，是稍微橫
長的葉形

重鋸齒有
些尖銳

葉柄比葉身長
1/2 且無毛

⬅ 白澤氏槭 寒

Acer shirasawanum

無患子科 / 喬木 / 日本本州、四國
主要生長在靠太平洋側的山地，與
圓齒水青岡一同構成樹林。缺刻的
數量是日本產的樹木之中最多。葉
子比席博氏槭大，莖葉伸展的樣子
像木板屋頂，圓葉像滿月。

193

對生且主要是 5 裂葉

楓樹類（紅脈槭等）

對生且是 5 裂葉的，是以寬五角形的**紅脈槭**、日本產楓樹之中唯一沒有鋸齒的**色木槭**（也有許多是 7 裂）為代表。山地還有**構葉槭**、細花槭（P.190）、麻葉楓、日本楓樹等分布。

紅脈槭的紅葉是紅色～黃色（10/19）

➡ 紅脈槭 寒 暖 〈鋸齒

Acer rufinerve

無患子科 / 小喬木 / 日本本州～九州

生長在山地～低地樹林裡。樹皮（P.73）是綠色，有黑色直條紋和菱形皮孔。葉子有 3 ～ 5 淺裂，是楓樹類之中最大型。

70%

200%
背面
葉背的葉脈分支處等有褐色的毛

35%

200%
背面

稍罕見樹木

—— 葉柄比紅脈槭略長

葉柄是綠色或帶紅色

⬆ 細枝槭 寒 〈鋸齒

Acer capillipes

無患子科 / 小喬木 / 日本關東～近畿、四國

與紅脈槭類似，但葉柄和花柄細長，葉背無毛。丹澤、富士、八岳一帶的山地很多，紅葉是紅紫～橘色。

紅脈槭的果實。螺旋槳形狀的薄翅是楓樹類的特徵（9/19）

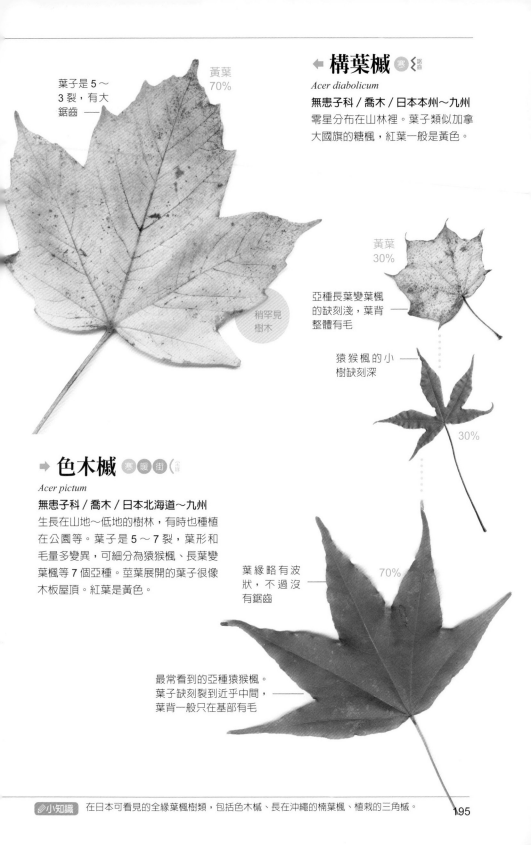

葉子是 5～
3 裂，有大
鋸齒

黃葉
70%

← 構葉槭 寒 〈鋸齒

Acer diabolicum

無患子科 / 喬木 / 日本本州～九州
零星分布在山林裡。葉子類似加拿
大國旗的糖楓，紅葉一般是黃色。

黃葉
30%

亞種長葉變葉楓
的缺刻淺，葉背
整體有毛

猿猴楓的小
樹缺刻深

30%

稍罕見
樹木

→ 色木槭 寒 暖 街 〈全緣

Acer pictum

無患子科 / 喬木 / 日本北海道～九州
生長在山地～低地的樹林，有時也種植
在公園等。葉子是 5～7 裂，葉形和
毛量多變異，可細分為猿猴楓、長葉變
葉楓等 7 個亞種。莖葉展開的葉子很像
木板屋頂。紅葉是黃色。

葉緣略有波
狀，不過沒
有鋸齒

70%

最常看到的亞種猿猴楓。
葉子缺刻裂到近乎中間，
葉背一般只在基部有毛

✐小知識　在日本可看見的全緣葉楓樹類，包括色木槭、長在沖繩的楠葉楓、植栽的三角槭。

對生且主要是 3 裂葉

楓樹類（三角槭等）

對生且是 3 裂葉的，是以葉子偏小的**楓樹類**為中心，其小樹或快速伸長的徒長莖多半缺刻深，成樹多半缺刻淺。在寒冷地區的溼地，則有粗重鋸齒的茶條槭、**歐洲莢蒾**自生。

東京都中心的三角槭行道樹（9/11）

有淺鋸齒　70%

年輕樹的葉子有 3～5 淺裂，成樹則多半是不分裂葉

背面

葉背是黃綠色，葉脈的分支處有褐色的毛

← 山楂葉槭 寒 暖 ⟨鋸齒

Acer crataegifolium

無患子科 / 小喬木 / 日本本州～九州
零星分布在山地～低地樹林裡。綠色的樹皮上有淺淺的直條紋。紅葉是橘色～黃色，有時是紅色。

山楂葉槭的花（4/22）

葉形有變異，愈是經過修剪的樹木，缺刻愈深，鋸齒也愈明顯

紅葉　70%

一般幾乎沒有鋸齒

背面

葉背帶粉白色

三條葉脈很明顯

→ 三角槭 街 ⟨鋸齒

Acer buergerianum

無患子科 / 喬木 / 原產於中國、臺灣
溫暖地區的葉子也經常變成紅色～黃色。因為樹木健壯，所以也種植在街道、公園，或當作盆栽。日文名稱「唐風」的「唐」是指中國。

三角槭的樹皮有粗糙的縱向剝落

➡ 密花槭 街 暖 寒 ⟨鋸齒

Acer pycnanthum

無患子科 / 喬木 / 日本長野縣、岐阜縣、愛知縣

生長在溼地等，不過也算罕見，有時也種植在街道、公園。紅葉是紅色～黃色，很美。雖然是楓樹的夥伴，但是花更醒目，在日本的別名是花楓。

葉背像覆蓋一層白粉般

背面

有粗重鋸齒

紅色葉柄很長

70%

一般是3裂，不過缺刻的深淺有例外

罕見的樹

密花槭的花是紅色，在萌芽之前開花（3/28）

類似楓的葉子

歐洲莢蒾 寒 街 ⟨鋸齒 ⟨合瓣

Viburnum opulus

五福花科 / 灌木 / 日本北海道、本州

生長在山地溼地一帶等的莢蒾的夥伴。葉子是3裂對生。夏初開著類似繡球花的白花，冬天有顯眼的紅色果實。球形花序的品種雞樹條則是當作庭院樹木。

35%

一般有不規則的鋸齒

雞樹條的花是球狀（5/9）

對生的大型分裂葉

毛泡桐、梓樹等

長約 20cm 左右或更長的淺裂葉之中，包括對生的**毛泡桐**、三輪生的**梓樹**。尤其是毛泡桐幼樹的葉子，是日本可看到的樹木之中最大。與之最類似的海州常山（P.23）葉子沒有缺刻。

毛泡桐的花是淺紫色（5/20）。果實（12/26）

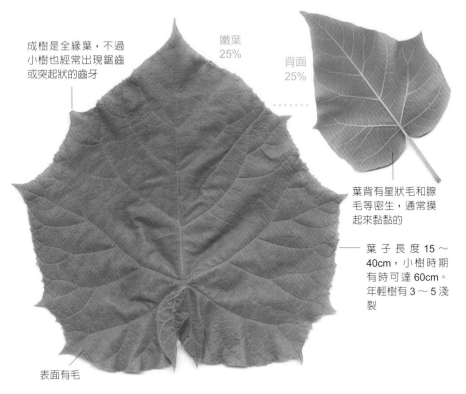

成樹是全緣葉，不過小樹也經常出現鋸齒或突起狀的齒牙

嫩葉 25%

背面 25%

葉背有星狀毛和腺毛等密生，通常摸起來黏黏的

葉子長度 15～40cm，小樹時期有時可達 60cm。年輕樹有 3～5 淺裂

表面有毛

↑ 毛泡桐 街 寒 暖

Paulownia tomentosa

泡桐科／喬木／原產於中國

用其製作的桐木櫃最有名，也是日本最輕的樹，經常種植在院子和田裡，也在日本各地的林緣或路邊野生化。成樹的葉子（P.22）是不分裂葉，但年輕樹卻是有淺淺缺刻的五角形。

➡ 櫟葉八仙花 街 鋸刻

Hydrangea quercifolia

八仙花科 / 灌木 / 原產於北美

當作庭院樹木。葉長約 20cm，很大，有類似槭樹和橡樹類的羽狀裂口，相當獨特。花是白色，是大圓錐形花序。

⬇ 梓樹 街 全緣

Catalpa ovata

紫葳科 / 小喬木 / 原產於中國

有時種植在院子或田裡，也在河邊等地方野生化。葉子一般是三輪生，這是它的特徵，細長果實也當成藥物使用。

羽狀的 3 ～ 7 裂

25%

葉背有白色綿毛密生

櫟葉八仙花的花（6/21）

梓樹的果實。長度超過 30cm，與豇豆類似（9/26）

葉長約 20cm，一般是 3 淺裂，有時也有 5 裂葉，或不分裂葉

40%

稍罕見樹木

背面 20%

葉背接近無毛

葉背有花外蜜腺，看起來是紫色

梓樹的花是淺黃色（8/5）

小知識　少有人工種植的北美原產南梓木，葉背整體有軟毛，多是不分裂葉，花是白色。

互生的大型分裂葉 1

野桐、大戟科等

長約 20cm 且互生的分裂葉之中，與毛泡桐類似，是 3 淺裂葉者，包括**野桐**、**日本油桐類**、八角楓（P.213）。 這些有時也有不分裂葉，野桐與日本油桐類的特徵是葉基有一對花外蜜腺。

野桐的芽是紅色，和楸樹一樣可用大葉子裝食物（5/11）

成樹的葉子。全緣不分裂葉

50%

背面 25%

葉子正反兩面與葉柄有褐色星狀毛

小樹多半有波狀鋸齒

葉柄長且多半帶紅色

↑ 野桐 暖 ⟨全緣⟩ ⟨聚繖⟩

Mallotus japonicus

大戟科 / 小喬木 / 日本本州～沖繩、臺灣

經常生長在低地～山地林緣或路旁、採伐過後的土地等明亮場所的先鋒樹代表樹種。成樹的葉子（P.23）是不分裂葉，但是年輕樹多是 3 裂葉。樹皮偏白，有縱向裂口，樹形是傘狀。

比較花外蜜腺看看

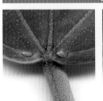  

野桐的花外蜜腺扁平，沒有膨脹　　油桐的花外蜜腺是芝麻粒狀且膨脹　　日本油桐的花外蜜腺有柄且突出

➡ 日本油桐

Vernicia cordata

大戟科 / 喬木 / 日本關東～九州

主要生長在西日本的山野。為了採油而人工栽培，葉子類似野桐。

20%

缺刻較油桐深

葉緣經常是波狀，有時是鈍鋸齒狀

罕見的樹

日本油桐的花（6/4）

也攙雜著心形不分裂葉。葉背整體有細毛

背面 20%

稍罕見樹木

比野桐略深的3裂

50%

果實直徑約4cm左右（7/22）

➡ 油桐

Vernicia fordii

大戟科 / 喬木 / 原產於中國

果實比日本油桐大，可採集用於塗料等的油，因此人工栽培，也是目前受到矚目的生質燃料之一。有時也在林緣等地方野生化。

互生的大型分裂葉 2
懸鈴木科、美國鵝掌楸、八角金盤等

懸鈴木科（梧桐）、**美國鵝掌楸**、**八角金盤**等經常種植在街道、公園，這些樹的葉形都很有特色，仔細觀察就很容易分辨。同樣是大型分裂葉的刺楸、木芙蓉，將在「類似楓的葉子」（P.206）介紹。

二球懸鈴木的行道樹。圓形的多花果每 2 ～ 3 顆一起下垂。懸鈴木是 3 ～ 7 顆，美國梧桐是 1 ～ 2 顆（1/10）

➡ 二球懸鈴木 街〈園

Platanus × acerifolia

懸鈴木科 / 喬木 / 園藝種

懸鈴木與美國梧桐的雜交種，種植在街道或公園。會長成大樹，不過多半都會經過強力修剪。名稱的由來是因為果實外型類似修行者掛的鈴鐺。懸鈴木科是總稱，一般稱為梧桐。

缺刻的深度介於兩個親種之間

黃葉
50%

落葉
20%

缺刻深

罕見的樹

懸鈴木的葉子。原產於歐洲～西亞，較少當作植栽

葉子是大橫寬形，3 ～ 5 裂，葉緣有粗鋸齒

20%

缺刻淺

葉柄是包著冬芽（葉柄內芽）

稍罕見樹木

美國梧桐的葉子。原產於北美，有時當作植栽

二球懸鈴木的樹皮是白色、灰綠色、褐色的斑駁花樣（P.73）

美國鵝掌楸的花類似鬱金香（4/15）

美國鵝掌楸的樹皮是褐色，有縱向溝狀裂口

不曾看過的葉形，因此容易分辨

50%

黃葉 25%

有的葉子缺刻多，有的葉子缺刻少

⬆ **美國鵝掌楸** 街 全国

Liriodendron tulipifera

木蘭科 / 喬木 / 原產於北美

種植在街道、公園，會長成大樹。葉子4裂或6裂，葉端是獨特的平～內凹形，葉形像 T 恤。日文名稱叫「百合木」是因為學名有百合的意思。英文名稱是鬱金香樹。

美國鵝掌楸的樹形縱長

葉緣有鋸齒，
有時有淺缺刻

葉子厚，
光澤明顯

50%

成樹是 7～11 裂，
直 徑 20～40cm。
小樹多半是 3～5 裂
的小型葉

葉背幾乎無毛

這是常
綠樹

↑ **八角金盤** 暖 街 〈溪邊

Fatsia japonica

五加科 / 灌木 / 日本關東～沖繩
生長在海岸～丘陵的樹林裡，也種植在院子
或公園。手掌形的大葉子是其日文名稱叫
「八手」的原因，不過實際上多半是9裂葉。
在日本還有的別名是「天狗的羽毛圓扇」。

八角金盤的花是球
形集中生長，在晚
秋～冬初開花，經常
吸引蒼蠅和虻聚集
（12/3）

10%

裂片頂端再
裂成 2 片

這是常綠樹
（罕見的樹）

葉子是 7 ～
9 裂，直 徑
40 ～ 80cm

50%

← **通脫木** 街 〈

Tetrapanax papyrifer

五加科 / 灌木 / 原產於中國、臺灣

過去因為樹幹的木髓可切成薄片造紙
（通草紙），因此有人工栽培，現在在
溫暖地區的聚落四周或林緣也能看見野
生化的通脫木。葉子明顯比八角金盤更
大，葉背有褐色星狀毛密生。

梧桐的果實。種
子會隨風傳播
（8/5）

葉子是 3 ～ 5 裂，
叉 子 狀，長 度
15 ～ 30cm

葉身基部
突出來

葉柄長度約
30cm，很長

→ **梧桐** 街 暖 〈

Firmiana simplex

**錦葵科 / 小喬木 / 日本東海～紀伊、四
國、九州、沖繩、臺灣**

種植在公園或街道，在南日本也生長在
海岸林裡。年輕的樹幹是綠色，和毛泡
桐一樣葉子很大。戰爭期間其種子當作
咖啡的替代品。

梧桐的樹皮是綠
色，樹齡愈老愈偏
褐色

互生且形似楓的葉子

美國楓香、木芙蓉、懸鉤子類等

這裡介紹的葉子，乍看之下都與楓樹類（P.190）類似，不過只要看到葉子是互生，就能判斷這是不同的樹種。**懸鉤子類**的特徵是屬於灌木，莖葉多刺（三裂葉懸鉤子是例外，無刺）。

美國楓香的行道樹。下方是果實
（12/27）

黃葉
25%

類似色木槭
（P.195），
不過有細鋸
齒這點不同

葉子是5裂，
一般形狀工
整

葉形有例外，
例如：裂片稍
微有缺刻等

紅葉
50%

↑ 美國楓香 街

Liquidambar styraciflua

蕈樹科 / 喬木 / 原產於中南美
溫暖地區的葉子會變成鮮豔的紅色～黃色，經常種植在街道或公園。樹幹直立，樹皮有縱向裂口，形成狹長的三角樹形。名稱來自葉子類似楓樹的楓香（P.210）。

美國楓香的樹枝上經常有板狀的薄翅

50%

葉子一般是 5
裂，缺刻略淺

鋸齒鈍

葉背和葉柄
有許多星狀
毛和腺毛，
略黏

木芙蓉的花直徑約
10cm，夏天～秋
天開（9/24）

➡ 木芙蓉 街

Hibiscus mutabilis

錦葵科 / 灌木 / 原產於中國、臺灣

種植在院子或公園，溫暖地區有時
會在河濱或路旁野生化。花是粉紅
色～白色，雙重花瓣的品種醉芙蓉
也經常人工種植。

一撕碎，就會
產生五加科特
有的氣味

葉子直徑 15 ～
30cm，一般是 7
裂，有時也有缺
刻深的個體

50%

刺楸莖上的刺

➡ 刺楸 寒 暖

Kalopanax septemlobus

**五加科 / 喬木 / 日本北海
道～沖繩**

生長在山地～低地樹林裡。
年輕的枝幹有刺，葉子和樹
材與毛泡桐類似。樹幹有縱
向裂口，會長成大樹。

有的葉背幾乎無毛，有
的多毛，變異多

楓葉懸鉤子標準型。一般是 5 裂且葉形略寬

背面

長葉紅葉莓的標準型。一般是 3 裂，而且中央的裂片伸長

70%

葉背稍微可看見葉脈的網格

莖上有刺

正反兩面幾乎無毛

結果期的楓葉懸鉤子（6/8）

⬆ 楓葉懸鉤子 暖 寒

Rubus palmatus

薔薇科 / 灌木 / 日本北海道～九州
懸鉤子屬植物的代表種，生長在低地～山地林緣或採伐過的土地上。莖稍微下垂伸長，樹高可達 1m 左右。葉形多變異，日本近畿以西、葉子細長的稱為變種長葉紅葉莓。

3 ～ 5 裂，葉形有些變異

正反兩面有毛，摸起來粗糙

➡ 牛疊肚 寒 暖

Rubus crataegifolius

薔薇科 / 灌木 / 日本北海道～九州
生長在山地～低地林緣等地方。有人說在有熊的地方最多，也有人說它是熊吃的樹莓。樹幹比楓葉懸鉤子挺立，葉子也較大。

70%

暖 寒

➡ 苦籽懸鉤子

Rubus microphyllus

薔薇科 / 灌木 / 日本本州～九州

生長在低地～山地林緣等地方。葉子略小型，葉背和莖上像覆蓋一層粉般帶白色，這是與其他樹種的不同。果實尤其不苦。

背面

葉背帶粉白色

正反兩面無毛，表面略有光澤

70%

葉子一般是 3 裂，不過有花的莖較多小型不分裂葉

比較果實看看

機葉懸鉤子是黃橙色，尤其美味（6/8）

苦籽懸鉤子是紅色～黃橙色且顆粒大（6/24）

牛疊肚是紅色且顆粒細（7/20）

三裂葉懸鉤子是黃橙色且相對較大（5/25）

三裂葉懸鉤子的花特別大（4/1）

暖 街

➡ 三裂葉懸鉤子

Rubus trifidus

薔薇科 / 灌木 / 日本本州～九州

生長在靠近海邊的林地，有時也當作庭院樹木。無刺，是懸鉤子屬植物中的例外，樹幹挺立，樹高可達 1.5 ～ 3m。葉子有點類似構樹。

葉子一般是 5 裂，光澤明顯，正反兩面幾乎無毛

稍罕見樹木

70%

───

✎小知識 　懸鉤子屬植物除此之外還有羽狀複葉～三出複葉（P.228）、匍匐型（P.272）的種類，它們的果實皆可食用。

209

互生且主要是 3 裂（鋸齒緣）

楓香、木槿、染用蘋果等

提到互生、鋸齒緣、漂亮的 3 裂葉，最具代表性的就是**楓香**，不過除此之外的樹種葉形變異多。**木槿、染用蘋果**、桑屬、楮屬（P.214）、懸鉤子類（P.208）、茶藨子屬等，從不分裂葉～ 5 裂葉，各種葉形應有盡有。

木槿的花是粉紅色～紫色或白色，夏季開花（8/7）

楓香的多花果直徑 2～3cm（3/13）

← ## 楓香 〔街〕

Liquidambar formosana

蕈樹科 / 喬木 / 原產於中國、臺灣
西日本主要種植在街道或公園。類似三角槭（P.196），葉子是 3 裂，但有鋸齒且互生。在日本的別名是臺灣楓。

紅葉 90%

細鋸齒排列

多半留著絲狀托葉

冠蕊木的花（5/9）

→ ## 冠蕊木 〔寒〕〔暖〕

Neillia incisa

薔薇科 / 灌木 / 日本北海道～九州、臺灣
生長在丘陵～山地的林緣或山林裡，伸長的莖葉有些下垂。花就像裂開的米般小。葉形包括 3 裂葉～不分裂葉，有例外。

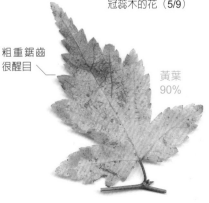
粗重鋸齒很醒目

黃葉 90%

➡ 木槿
Hibiscus syriacus

錦葵科 / 灌木 / 原產於中國、臺灣

與朱槿同屬夥伴,種植在院子、公園、街道上。樹幹多分支,上方的樹枝會一直線伸長,形成獨特的樹形。葉子包括 3 裂～菱形不分裂葉,變異多。

有大鋸齒　90%

缺刻的深淺變化多

背面 70%

三條明顯的葉脈

⬇ 染用蘋果 寒
Malus toringo

薔薇科 / 小喬木 / 日本北海道～九州

生長在溼地四周或山地樹林裡,有時當作庭院樹木。會結出直徑不到 1cm 的紅色酸果實。有 3 裂葉和不分裂葉混合存在。它是蘋果的夥伴,在日本還有小蘋果、小梨子等別名。

背面

大多都是完全沒有裂口的葉子

葉背的葉脈上有很多白色軟毛

90%

缺刻的形狀多樣化,有明顯的 3 裂葉,也有略帶 5 裂的羽狀葉

葉子經常叢生在短莖上

染用蘋果的花（5/8）

辨識重點 與染用蘋果十分類似的蝦夷小蘋果,只有不分裂葉,而且果實略大,生長在北海道～中部地方的溼地附近。

互生且主要是 3 裂 （全緣）

三椏烏藥、三菱果樹參等

互生、全緣葉且主要是 3 裂葉的種類很少，只有三菱果樹參、三椏烏藥、三裂葉釣樟、八角楓、野桐（P.200）、日本油桐類（P.201）等。這些都是不分裂葉，而且很常見，只有三菱果樹參是常綠樹。

新綠的三椏烏藥。花在早春開（3/28）

裂片頂端
是尖的 　　　　　　70%

缺刻的底部有圓形
口袋狀內凹

稍罕見
樹木

◀ 三裂葉釣樟 寒 暖

Lindera triloba

樟科 / 灌木 / 日本中部地方～九州

有時生長在丘陵～山林。類似三椏烏藥，但是葉端尖，因此能夠輕易區分。日文名稱叫白文字，但是莖並沒有特別白。

三裂葉釣樟的
花（4/24）

➡ 三椏烏藥 寒 暖

Lindera obtusiloba

樟科 / 灌木 / 日本關東～九州

生長在丘陵～山林，樹高 2～6m。葉端像裂開湯匙般的 3 淺裂葉形很獨特，也攙雜著心形的不分裂葉。繖花釣樟（P.67）的夥伴，花和果實也與繖花釣樟類似。

40%

黃葉
70%

裂片頂端鈍
是其特徵

一撕碎葉
子就會產
生香氣

稍罕見
樹木

40%

八角楓的花。筒
狀花瓣向外反折
（6/18）

← **八角楓** 寒 暖

Alangium platanifolium

**山茱萸科 / 灌木 / 日本北海
道～九州、臺灣**

生長在山地～丘陵樹林裡。葉
子類似瓜類植物的葉子。通常
是 3 ～ 5 淺裂，不過在西日本
也有 5 ～ 7 深裂的個體，稱為
變種瓜木。

3 裂葉與野桐
（P.200）相似

瓜木的葉子

裂口可達中央
的 3 裂葉與不
分裂葉交雜

這是常
綠樹

70%

20%

20%

小樹的葉
子。有時
也有鋸齒

葉子厚且
光澤明顯

→ **三菱果樹參** 暖 街

Dendropanax trifidus

**五加科 / 小喬木 / 日本關東～沖
繩、臺灣**

生長在靠近海邊的常綠樹林裡，也
種植在院子或公園。樹形像天狗的
隱形斗篷。小樹是深裂葉，成樹則
有較多的不分裂葉（P.141）。

庭院樹木的樹形

213

各種形狀的裂葉

桑樹類、雜交楮類、銀杏等

桑樹類、雜交楮、構樹類的葉子，在小樹時期有複雜的 3～5 裂，年輕樹是簡單的 2～3 裂，成樹則有愈來愈多的不分裂葉，因此可看到各種葉形。槭葉懸鉤子（P.208）、異葉山葡萄（P.269）也可看到多樣的葉形。

小葉桑的葉子。下方是雄花（4/14）

葉端比桑樹伸得更長

90%

背面 40%

年輕樹有較多裂到葉子中央的 3 裂葉

小樹有較多複雜的深裂葉

葉柄長度 2～6cm

◀ 小葉桑 暖 寒

Morus australis

桑科 / 小喬木 / 日本北海道～沖繩、臺灣

經常生長在低地～山地林緣或原野等地方。葉子在小樹時期的缺刻深，成樹則大半都是不分裂葉。與桑樹都稱為「桑」。果實可食用。

40%

稍罕見樹木

葉形比小葉桑圓，較多光澤明顯的葉子

◀ 桑樹 暖

Morus alba

原產於中國

過去為了養蠶而在深山裡栽培，有時也在河濱等地方野生化。

葉端伸長

鋸齒小，側脈像邊框一樣連在一起

90%

與小葉桑相比，葉子較薄

葉柄一般長度約 1cm

→ 小構樹 ^暖

Broussonetia monoica

桑科 / 灌木 / 日本本州～九州、臺灣

生長在低地～山地林緣，過去與雜交楮（P.24）同樣是和紙的原料而人工栽種。葉形多變異，與桑類相似，不過葉柄短，葉子的質感與葉形也不同。

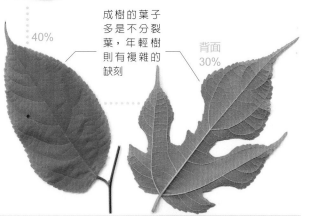

40%

成樹的葉子多是不分裂葉，年輕樹則有複雜的缺刻

背面 30%

比較果實看看

小葉桑的雌蕊呈絲狀殘留（6/12）

桑樹的雌蕊沒有殘留。桑樹類的果實是紅色～黑色表示成熟（6/8）

小構樹是橘色，直徑約 1cm（6/18）

構樹的果實直徑 2～3cm，屬於大型（6/25）

🔍 辨識重點　也有小葉桑與桑樹的交配種，有時會遇到不易分辨的個體。小構樹與雜交楮有時也很難區分。

215

60%

稍罕見樹木

成樹有較多不分裂葉

年輕樹的葉子一般是 3 裂，為特有的葉形

正反兩面多毛且粗糙

葉柄、嫩莖、葉背有很多粗長毛

背面

年輕樹的嫩葉。一般是互生，也有許多對生

↑ 構樹 暖

Broussonetia papyrifera

桑科 / 小喬木 / 日本關東～沖繩、臺灣

過去用樹皮製造紙和布，因此人工栽種在國內外的溫暖地區，有時也可在山野看到野生的構樹。原產地不明。葉子較桑樹類、雜交楮類多毛且厚。

葉端是不規則的波形

黃葉
60%

有一個缺刻的葉子最典型。也有說法認為缺刻的有無可用來分辨雌雄

黃葉背面

葉脈多數平行排列

60%

從剪定處或植株基部長出的莖，葉子也有較多大型且複數的缺刻

成樹較多沒有缺刻的葉子

30%

大型且有3淺
裂的栽培品種
的葉子

60%

有5深裂
的栽培品
種的葉子

正反兩面有
毛且粗糙

一揉葉子就會產生
無花果的香氣，一
撕碎葉子就會流出
白色汁液

⬆ **無花果** ⓖ

Ficus carica

桑科 / 小喬木 / 原產於西亞

主要當作果樹種植在日本關東以西。葉
長 20 ～ 40cm，3 ～ 5 裂葉但變異多。
花在果實狀的花囊裡綻放，從外面看不
見，因此稱為「無花果」。

結果的無花果（8/21）

變成黃葉的銀杏行
道樹。樹形是三角
形（11/28）

⬅ **銀杏** ⓖ

Ginkgo biloba

銀杏科 / 喬木 / 原產於中國

秋天的銀杏黃葉很美，性質很健壯，
因此經常種植在街道、公園、寺院
等地方。雌雄異株，雌株在秋天結
果（銀杏）。葉子也是其他樹種上
看不到的扇形，多半叢生在短莖上。

✎**小知識** 銀杏擁有寬葉，卻與蘇鐵、松樹類等針葉樹同樣屬於裸子植物，相當特殊。

掌狀葉

日本七葉樹、金漆人參木、五加科等

一處長出五片以上的小葉，構成手掌狀的葉形，稱為掌狀複葉。日本極少有樹木擁有掌狀複葉的葉子，僅限**日本七葉樹**與**五加科**（7種）、蔓生植物的木通（P.275）與石月（P.274）。

日本七葉樹的黃葉（10/30）。冬芽屬大型且有黏性

紅花七葉樹的花是紅色（5/17）

有粗且尖銳的重鋸齒

50%

↑ 紅花七葉樹 街 對生 落葉

Aesculus × carnea

無患子科 / 小喬木 / 園藝種

原產於歐洲的歐洲七葉樹（馬栗。日本也有當作植栽，不過很少）與原產於北美的北美紅花七葉樹的雜交種。花很鮮豔，葉子與樹高略偏小型，因此經常當作行道樹或庭院樹木。

黃葉
50%

小葉一般有7片，長度可達40cm

日本七葉樹的果實。種子與栗子類似（11/4）

鋸齒淺且鈍

小葉無柄

↑ 日本七葉樹 寒 街 對生 鋸齒

Aesculus turbinata

無患子科 / 喬木 / 日本北海道～九州

生長在山地河谷沿岸，可變成大樹。擁有日本產樹木最大的掌狀複葉，容易與生長在相同環境的單葉植物日本厚朴（P.20）混淆。花是主要的蜜源，種子去澀之後可用來製作栃餅等。也種植在街道或公園裡。

日本七葉樹的花是白色。長成大圓錐花序（6/4）

年輕日本七葉樹的樹皮。老樹會不規則剝落

✎小知識 外國產的樹種之中，荊瀝、黑莓也有掌狀複葉。

小葉 5 片，長度 10～20cm

50%

鋸齒是小絲狀，不醒目

背面

與日本七葉樹不同，小葉有明顯的葉柄

葉子一撕碎就有五加科植物特有的香氣

金漆人參木的樹皮是白色平滑，且有點狀皮孔

寒 暖 生 齒

↑ 金漆人參木

Chengiopanax sciadophylloides

五加科 / 喬木 / 日本北海道～九州

多半生長在山地的多圓齒水青岡林裡，不過也會長在矮山的山稜。與爪芽萸葉五加（P.222）十分相似，樹皮是白色，樹枝往上延伸的樹形，嫩葉可當山菜。過去此樹的油也可過濾當作塗料。

黃葉是獨特的淺黃色～接近白色的顏色，遠處看來也知道那是金漆人參木（10/23）

60%

葉端一般是鈍的，也有尖銳或內凹的

葉子一撕碎就有五加科植物特有的香氣

葉子略厚且光滑

這是常綠樹

街 🌿 生 🍂

➡ 鵝掌藤

Schefflera arboricola

五加科 / 灌木 / 原產於中國、臺灣

當作觀葉植物時，又稱為吉貝或美洲木棉，近年來在關東以南的野外培育而成的庭院樹木受到矚目。沖繩產的鵝掌柴的夥伴，在自生地著生在其他樹木上。

鵝掌藤的葉子。小葉有 7～10 片，有光澤

寒 暖 🌿 生 🍂

⬇ 日本山五加

Eleutherococcus spinosus

五加科 / 灌木 / 日本本州～九州

生長在山野林緣或河畔等地方。嫩葉可當山菜。山形縣最有名的五加飯，使用的是原產於中國、偶爾種來當綠籬的異株五加，其小葉細長且光澤明顯。

葉子一撕碎就有五加科植物特有的香氣

一般日本山五加的鋸齒都是淺且鈍

70%

關東以西的葉子也有重鋸齒，稱為變種岡五加

背面

莖、幹有刺、有時葉柄上也有刺

葉表豎起的毛少或無毛。關係相近的兩歧五加則是正反兩面多細毛

日本山五加的花。五加科的花序是球形（6/27）

📖小知識　五加科有許多植物可當作山菜，坊間較少看到金漆人參木的新芽流通，但是據說其比遼東楤木滋味濃郁且受到老饕喜愛。

三片一組的葉子
爪芽萸葉五加、毛果槭、豆科等

3 片小葉為一組的葉子稱為三出複葉，日本的樹木之中有三出複葉的，除了**胡枝子屬**之外十分少見，因此很容易分辨。三出複葉與羽狀複葉兩者都能夠看見的懸鉤子類請參考 P.228，三出複葉的蔓生植物請參考 P.276。

鮮豔的爪芽萸葉五加黃葉（11/6）與冬芽

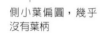

省沽油
Staphylea bumalda

省沽油科 / 灌木 / 日本北海道～九州

生長在山地河谷沿岸等潮溼場所。嫩葉和花蕾被當成山菜，筆直伸長的樹枝可當成筷子。

省沽油的果實是倒心形（6/2）

鋸齒細　70%

側小葉偏圓，幾乎沒有葉柄

鋸齒小，不醒目

70%

爪芽萸葉五加
Gamblea innovans

五加科 / 小喬木 / 日本北海道～九州

生長在丘陵～山地山稜或岩石地，嫩葉也可當山菜。名稱是因為冬芽的形狀像爪子，冬芽和白色平滑的樹皮與金漆人參木（P.220）類似。變黃的葉子有甜香氣味。

葉子一撕碎，就會散發五加科植物特有的香氣

寒 暖 🌱 対生 鋸齒

➡ 粉藤葉槭

Acer cissifolium

無患子科 / 喬木 / 日本北海道～九州

有時生長在山地河谷沿岸等地方。雖然是楓樹的夥伴，不過它的葉子卻分成 3 片。夏初開的黃花會呈總狀花序下垂。

小葉的葉端一半有大鋸齒

70%

葉柄長且多半帶紅色

⬇ 毛果槭 寒 街 🌱 対生 鋸齒

Acer maximowiczianum

無患子科 / 喬木 / 日本本州～九州

偶爾生長在山地，楓樹的夥伴，其鮭魚粉紅色的紅葉很美，有時也當作庭院樹木。樹皮煎煮出的湯汁被當作眼藥使用。在日本的別名是長者木。

鋸齒鈍且淺

紅葉一開始是紫色，後來變成鮮豔的粉紅～紅色

毛果槭的果實有楓樹類特有的外型（7/7）

稍罕見樹木

紅葉 70%

葉柄略短。葉柄與葉背的主脈旁有許多剛毛

223

介於草本與木本植物之間的胡枝子屬

一般熟悉的秋天花卉就是胡枝子屬。胡枝子屬植物會從靠近根部的地方長出許多細樹幹，樹高可達1～2m，但冬天地表上的部分大半都會枯死，性質可說是介於木本植物與草本植物之間。我們日常生活中能夠看到的胡枝子屬，包括經常人工種植的毛胡枝子、生長在山野的山胡枝子、裂片胡枝子、短梗胡枝子、綠葉胡枝子（右）等，多半必須確認花萼和葉子的毛才能夠區分。

葉端尖

80%

葉緣多半是波狀

綠葉胡枝子的花是白色和紅紫色（9/14）

80%

毛胡枝子的葉子。特徵是葉端尖，葉背有伏毛密生，而且是白色

短梗胡枝子的特徵是圓形小葉與短花序（9/22）

開花期的毛胡枝子。伸長下垂的樹形是其特徵（9/14）

開花期的山胡枝子。莖不太下垂（10/3）

暖 寒 生 全緣

↑ 綠葉胡枝子

Lespedeza buergeri

豆科 / 灌木 / 日本本州～九州

生長在丘陵～山林或岩石地。是胡枝子屬之中樹幹最木質化者，樹高可達2m左右。

鋸齒鈍且淺

80%

稍罕見樹木

葉柄有薄翅

→ 枳 街 生 鋸齒 全緣

Citrus trifoliata

芸香科 / 灌木 / 原產於中國

果實是藥用或用來製作水果酒，莖上多大刺，因此自古經常種來當作綠籬，不過近年減少了。葉子是鳳蝶的食物。

枳的果實與刺（10/16）

常緑樹，葉
子顏色明亮

這是常
綠樹

背面

葉柄和莖有
稜線。迎春
花也有

80%

80%

小葉長度 1～
4cm 的小型三
出複葉

雲南黃馨在開花期仍
有葉子（4/7）

← **雲南黃馨** 街 ❦ (金繡)

Jasminum mesnyi

木犀科 / 灌木 / 原產於中國

類似迎春花，但是雲南黃馨是常
綠樹，而且葉子大兩倍，花的直
徑也很大，約在 4cm 左右。別名
是野迎春。莖長且下垂。雖然是
茉莉的夥伴，花卻沒有香氣。

← **迎春花** 街 ❦ (金繡)

Jasminum nudiflorum

木犀科 / 灌木 / 原產於中國

種來當作庭院樹木，莖長下垂。
花的直徑約 2cm，開花期沒有葉
子。葉子與之相似的金雀花（豆
科）是互生葉。

70%

雞冠刺桐的花（4/16）

葉柄和葉背
有數個刺

葉子有光
澤，正反兩
面無毛

街 ❦ (金繡)

→ **雞冠刺桐**

Erythrina crista-galli

豆科 / 小喬木 / 原產於南美

屬於南國的花樹，在關東以南是種
植在院子或公園裡。日文別名是海
紅豆。一般常見的是小葉呈蛋形的
栽培品種，稱為圓葉刺桐。

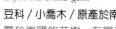 小知識　人工種植在沖繩的刺桐是小葉比雞冠刺桐更寬的其他種，因為屬於熱帶植物，因此無法
在日本本島上種植。

225

莖有刺 1
薔薇類、懸鉤子類

有羽狀複葉、莖上有刺的樹之中，提到樹高 2m 以下的灌木～蔓生植物，就想到**薔薇類**或懸鉤子類。這些都屬於薔薇科，一般來說是懸鉤子類的葉子較大，葉柄和葉背也多半有刺。

野薔薇的花（5/18）。果實可食用（10/31）

背面

90%

葉子整體無毛

葉子比野薔薇略厚，有光澤

托葉寬，呈面狀是其特徵

莖上有朝下的刺

← 光葉薔薇 暖 寒

Rosa luciae

薔薇科 / 半蔓生灌木 / 日本本州～沖繩、臺灣

生長在海岸或山地的岩石地等明亮場所，葉子的光澤比野薔薇強烈。特徵是樹幹匍匐在地的樹形，以及較寬的托葉。在關東一帶也分布著托葉窄的灌木山照葉野薔薇。

光葉薔薇的花。少數比野薔薇大（6/14）

葉脈是明顯的皺紋

玫瑰的花是粉紅色（6/8）

→ 玫瑰 寒 暖 街

Rosa rugosa

薔薇科 / 灌木 / 日本北海道、本州

生長在海岸沙地，日文名稱「濱梨」的意思是生長在海濱的梨子。多半在北日本、靠日本海一側，也當作海岸綠化樹、行道樹、庭院樹木。樹幹細，有刺密生，葉子、花、果實均屬大型且有特色。果實直徑 2～3cm，是橘色。

90%

葉背有白毛密生

托葉寬

葉子的皺紋略
醒目，無光澤

背面

葉背與葉
軸有白色
軟毛

90%

➡ 野薔薇 暖 寒

Rosa multiflora

**薔薇科 / 灌木 / 日本北海道～九州、
臺灣**

在野生薔薇類之中最普遍常見，經常
生長在林緣、陸旁、原野等明亮的場
所。別名是野玫瑰。樹幹要稍微靠著
其他物品伸展。特徵是葉子多毛，以
及裂開成齒梳形的托葉。

特徵是托葉深
裂成齒梳形

莖上有朝
下長的刺

沒有刺的玫瑰

木香花 街

Rosa banksiae

薔薇科 / 半蔓生灌木 / 原產於中國

薔薇類的特徵就是有刺，但是木香花
例外。樹幹是藤蔓狀伸展，多半纏在
鐵網上當作庭院樹木。

花一般是淺黃色的
雙重花瓣（5/8）

50%

小葉有5
片或3片，
有光澤

托葉是線形，
容易脫落

🔍 **辨識重點** 薔薇類經常殘留托葉，形狀很有特色，因此也成為重要的分辨重點。

種類繁多的薔薇與懸鉤子類

書中介紹了日常生活中常見的薔薇類、懸鉤子類，不過日本的薔薇屬（*Rosa*）有 13 種、懸鉤子屬（*Rubus*）約有 40 種自生植物。薔薇屬除了分布在富士一帶的富士薔薇、山椒薔薇、高山的高嶺薔薇、樺太薔薇、西日本的藪薔薇、山薔薇等之外，世界上還有許多薔薇類交配的，也就是一般稱為「玫瑰」的栽培品種。懸鉤子屬且有羽狀複葉的種類，其他還有鮮紅懸鉤子類、紅腺懸鉤子、刺懸鉤子、深山裏白莓等。

40%　— 藪薔薇的葉子長約 5cm

「米蘭爸爸」玫瑰的花（6/21）

20%　— 「翡翠白」玫瑰的葉子

20%　生長在山地的鮮紅懸鉤子的葉子

➡ 紅梅消 暖 寒

Rubus parvifolius

薔薇科 / 半蔓生小灌木 / 日本北海道～沖繩、臺灣

葉子一般是三出複葉，生長在路旁或草地等地方。性質接近草，莖是匍匐狀，稍微像藤蔓一樣伸長。果實會在育苗的季節成熟。

花瓣是粉紅色的，不會開放（5/31）

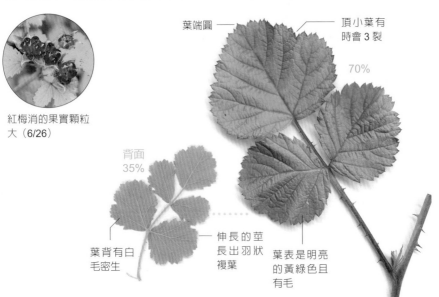

紅梅消的果實顆粒大（6/26）

葉端圓

頂小葉有時會 3 裂

70%

背面 35%

葉背有白毛密生

伸長的莖長出羽狀複葉

葉表是明亮的黃綠色且有毛

背面
35%

葉端尖

伸長的莖
長出羽狀
複葉

70%

← 多腺懸鉤子 寒 暖

Rubus phoenicolasius

**薔薇科 / 灌木 / 日本北海道～九
州**

葉子一般是三出複葉，有時生長
在山地林緣等地方，莖和葉柄有
紅色剛毛和刺密生，看來像蝦殼。
葉子與之十分類似的黑莓沒有剛
毛，而是有短的軟毛密生。

葉背有白毛密
生，因此在日本
有別名叫裏白莓

葉表有毛且
皺紋明顯

100%

稍罕見
樹木

莖和葉柄上有
刺，以及末端
變成腺體的紅
色長毛密生

蓬蘽的花在早
春開（3/11）

➜ 蓬蘽 暖 寒

Rubus hirsutus

**薔薇科 / 小灌木 / 日本本州～
九州**

在日常生活中最常看到的懸鉤
子類，經常群生在路旁或林緣
等地方。性質接近草，樹高通
常在 50cm 以下。葉子是醒目
的羽狀複葉，開花的莖多半是
長小型三出複葉。

葉表有毛且
有輕柔鬆軟
的手感

70%

背面
50%

莖和葉柄
有刺

葉背、葉
柄、莖上
有很多開
出毛

蓬蘽的果實大，味
道清淡（5/21）

小知識 懸鉤子類的果實甜，可食用。有時人工栽種的覆盆子（歐洲樹莓）也是有 1～2 對小
葉的羽狀複葉。

229

莖有刺 2
花椒屬

莖上有刺，葉子有香氣，就是芸香科**花椒屬**（*Zanthoxylum*）的樹木。**花椒、翼柄花椒**的樹高 1～4m，**食茱萸**可達 5～15m。它們都有柑橘類的香氣，也是鳳蝶的食物。

花椒的莖葉和果實（9/27）

➡ 花椒 〔暖〕〔寒〕〔街〕
Zanthoxylum piperitum

芸香科 / 灌木 / 日本北海道～九州

生長在低地～山林，也種植在院子或田裡。果實當作辛香料的花椒使用，嫩葉稱為「樹的新芽」擺放在料理旁。莖上有對生刺。沒有刺的品種叫朝倉山椒。

花椒的樹幹。刺的基部留下瘤狀痕跡，也用來製作研磨棒。

50%

小葉的葉端稍微內凹，鋸齒鈍

嫩葉中央多半有明亮的斑紋

一揉葉子就會產生強烈的花椒香氣

➡ 翼柄花椒 〔暖〕〔寒〕
Zanthoxylum schinifolium

芸香科 / 灌木 / 日本本州～沖繩、臺灣

類似花椒，但是香氣不好，因此沒有用來食用。與花椒的差別是小葉細，莖上的刺互生。生長在低地～山地。

50%

鋸齒淺且不顯

一揉葉子就會產生類似花椒的氣味，不過略有不同

一揉葉子就
會產生強烈
刺鼻的香氣

40%

Zanthoxylum ailanthoides

芸香科 / 喬木 / 日本本州～
沖繩、臺灣

生長在海岸～山地林緣或採
伐過後的土地，屬於先鋒樹
之一。葉子和樹高遠比花椒
大，在日本有一種說法認為
這是烏鴉會吃的花椒。

食茱萸的樹幹。刺的
基部留下瘤狀痕跡

鋸齒微細，
近乎全緣葉

複葉全長可達 40 ～
90cm。可根據類似臭
椿的香氣與刺區分

背面

小樹的葉
軸也有刺

比較刺看看

100%　　　　100%　　　　80%

花椒的刺是對生在　翼柄花椒的刺是互　食茱萸是大量不規
葉子基部　　　　　生　　　　　　　　則生長

辨識重點 花椒類的葉子只要透光，都能看到許多小小的油囊。這是大多數芸香科植物的共同
特徵。

長形羽狀複葉
臭椿、香椿

若提到羽狀複葉的長度，複葉全長達 **1m** 的**臭椿**是第一名。其次是食茱萸（P.231）、**香椿**，這三種遠遠看來十分相似。其他還有胡桃楸（P.239）的葉子也很長。

開花期的臭椿。花是綠白色（6/7）

➡ 香椿 街

Toona sinensis

楝科 / 喬木 / 原產於中國

嫩葉是很美的淺粉紅色，春天從遠處也能看見，很醒目。樹幹是筆直挺立的樹形，偶爾有人工種植。在中國，嫩葉可食用。

一揉葉子就會產生類似芝麻的氣味

整體有淺鋸齒，不過不明顯

40%

背面

葉軸經常帶紅色

稍罕見樹木

嫩葉是獨特的粉紅色～奶油色（4/27）

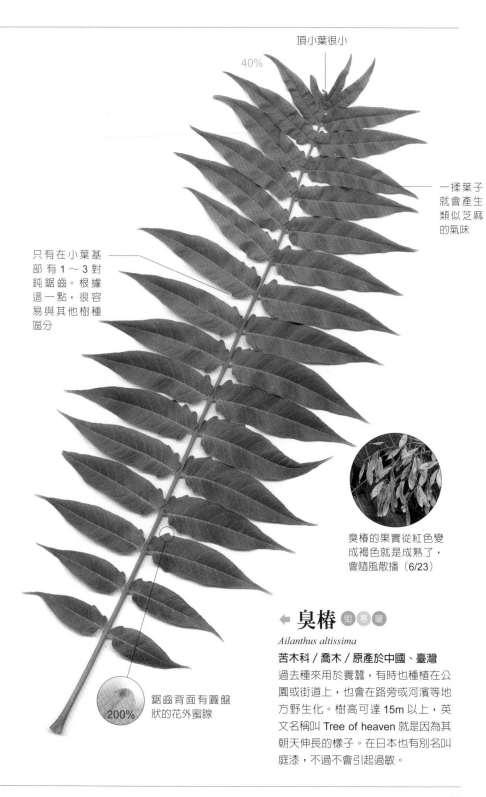

頂小葉很小

40%

一揉葉子
就會產生
類似芝麻
的氣味

只有在小葉基
部有1～3對
鈍鋸齒。根據
這一點，很容
易與其他樹種
區分

臭椿的果實從紅色變
成褐色就是成熟了，
會隨風散播（6/23）

← 臭椿 街 寒 暖

Ailanthus altissima

苦木科 / 喬木 / 原產於中國、臺灣
過去種來用於養蠶，有時也種植在公
園或街道上，也會在路旁或河濱等地
方野生化。樹高可達 15m 以上，英
文名稱叫 Tree of heaven 就是因為其
朝天伸長的樣子。在日本也有別名叫
庭漆，不過不會引起過敏。

鋸齒背面有圓盤
狀的花外蜜腺
200%

中～大型且有鋸齒緣

花楸屬、苦樹、鴉膽子等

羽狀複葉的樹給人的印象是難以掌握特徵，也難以區分，不過**鴉膽子**有葉軸長薄翅的罕見特徵，因此容易分辨。**合花楸**與**苦樹**可根據冬芽、小葉的形狀、鋸齒、葉脈、味道等，全面確認之後分辨出來。

合花楸的紅葉（9/25）與果實（9/13）

有大小雙重的銳利重鋸齒

葉背一般無毛。有許多褐色毛的個體叫變種鏽葉合花楸

80%

背面

合花楸的花序是平面擴展（4/27）

80%

冬芽是紅色，很長，通常有黏性

葉柄經常帶紅色

小葉有 4～7 對

小葉基部的葉軸有褐色毛聚集成團

200%

◀ 合花楸 寒 街

Sorbus commixta

薔薇科 / 小喬木 / 日本北海道～九州

象徵北國的樹木，有美麗的紅色紅葉與果實。經常生長在山地～高山樹林裡，在北海道和東北地方多半當作行道樹或公園樹。其樹材據說丟進灶裡七次也燒不完。

⬇ 華北珍珠梅 街

Sorbaria kirilowii

薔薇科 / 灌木 / 原產於中國

樹高比合花楸矮,花序形狀也不
同,小葉片數較多,有時種植在
院子或公園,溫暖地區也可栽
種。北海道則有與之十分相似的
星毛珍珠梅自生,不過很罕見。

80%

小葉有 6 ～ 10 對,
側脈比合花楸明顯

背面

200%

葉背的葉脈
分支處有時
有白毛,有
時無毛

華北珍珠梅的花序是圓
錐形(7/21)

鴉膽子是晚夏開白花，圓錐花序很醒目（9/30）

鴉膽子葉子上的蟲癭。這個在中藥上稱為五倍子，可採得單寧作為藥用

60%

有略鈍且清楚的鋸齒

葉軸有魚鰭狀的薄翅

葉柄經常帶紅色

→ **鴉膽子** 暖 寒

Rhus javanica

漆樹科 / 小喬木 / 日本北海道～沖繩、臺灣

先鋒樹的代表樹種，經常生長在山野明亮場所。葉軸上的薄翅可幫助分辨。白色的膠狀樹液可當作塗料。有時樹液會造成過敏。過敏

→ 苦樹 暖 寒

Picrasma quassioides

苦木科 / 小喬木 / 日本北海道～沖縄、臺灣

零星分布在低地～山林裡。外觀沒有醒目的特色，不過葉子咬起來非常苦是其特徵。樹皮偏黑且平滑，用來製作胃腸藥。

200%

苦樹的冬芽有金色的毛覆蓋，像握拳的形狀

有稍微不整齊的鋸齒

70%

一咬下葉子，就會苦到皺眉。正反兩面幾乎無毛

35%

稍罕見樹木

化香樹的果穗。長度 2～3cm（11/29）

← 化香樹 暖

Platycarya strobilacea

胡桃科 / 喬木 / 日本東海～九州、臺灣

有時生長在西日本的矮山。果實不可食用，果穗是類似旅順檀木（P.81）的毬果狀，很醒目。

✍小知識　葉軸上有薄翅的羽狀複葉，其他還有楓楊（偶數羽狀複葉）、秦椒（小葉 2～3 對）。

大型且有鋸齒緣（互生）

胡桃科

提到羽狀複葉的表面積寬度，日本最寬的恐怕是**胡桃楸**吧。加上交疊擴展的小葉，最大的複葉全長可達60cm以上。與之十分類似的**水胡桃**的葉子小一圈，**胡桃**則是小葉的片數少。

結果實的胡桃楸（6/17）

比較果實看看

水胡桃的果實小型且有薄翅（8/24）

胡桃楸的果實直徑3～4cm（6/17）

胡桃的果實很大，直徑4～6cm（7/21）

➡ 水胡桃 寒

Pterocarya rhoifolia

胡桃科／喬木／日本北海道～九州

經常生長在山地小溪沿岸，是涼爽溪谷林的代表樹種。生長的位置比胡桃楸更靠近上游，果實可食的部分極少。樹皮有縱向裂口，樹幹筆直挺立，可長成樹高 30m 以上的大樹。

鋸齒細，且略尖銳

40%

小葉有 4～10 對，複葉全長是 20～40cm

葉背有少許軟毛，沒有黏性

➡ **胡桃楸** 寒 暖

Juglans mandshurica

**胡桃科 / 喬木 / 日本北海道～
九州、臺灣**

生長在山野河岸或潮溼場所，
北日本較多。樹高約 10m，樹
形是橫寬形。種子比胡桃小但
可食用。果實的皮可能引起過
敏，必須留意。

去除果皮的果
實。外殼非常
硬，表面粗糙。

果實
70%

40%

小葉有 5 ～ 9 對，
寬度寬，複葉全長
是 40 ～ 80cm

有淺且鈍
的鋸齒

葉背有很多星
狀毛或腺毛，
略有黏性

這是全緣
葉（罕見
的樹）

20%

小葉是全緣
葉，只有 2～
3 對，數量
很少

← **胡桃** 街 全緣

Juglans regia

胡桃科 / 喬木 / 原產於歐洲～西亞

可食用的核桃就是本種，日本的主要產
地在長野縣、青森縣。較少當作庭院樹
木。別名波斯胡桃、英國胡桃。

大型且有鋸齒緣（對生）

滿州梣、象蠟樹等

擁有與胡桃科相似的大型羽狀複葉者，包括**滿州梣、象蠟樹**。這些樹經常在溪谷林裡與水胡桃混生，不過最大的不同就是它們的葉子是對生。黃蘗（P.249）也是生長在溪谷，葉子是對生，但葉緣是全緣葉這點不同。

生長在北海道溼原的滿州梣（9/24）

40%

小葉一般有 3～4 對，複葉全長 25～45cm

小葉長度可達 10～20cm，相當長

◀ **象蠟樹** 寒

Fraxinus platypoda

木犀科 / 喬木 / 日本關東～九州

與滿州梣共同生活在靠太平洋側和西日本的山地溪谷沿岸。小葉比滿州梣長，片數少，基部沒有毛的團塊。

稍罕見樹木

樹高 30m 以上的象蠟樹大樹

➡ 滿州梣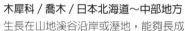

Fraxinus mandshurica

木犀科 / 喬木 / 日本北海道～中部地方

生長在山地溪谷沿岸或溼地，能夠長成
大樹。在靠日本海一側尤其多。小葉基
部有毛團塊是其特徵，方便與其他樹種
區分。樹皮有縱向裂口。

滿州梣的果實（9/25）

40%

小葉一般是 4 ～
5 對，複葉全長
30 ～ 50cm

滿 州 梣 在 小 葉
基部有褐色毛
的團塊

150%

背面

背面

葉 背 的 葉
脈 旁 邊 有
毛

稍罕見
樹木

25%

⬅ 長尖葉梣 寒 暖

Fraxinus longicuspis

木犀科 / 喬木 / 日本本州～九州

有時生長在山地～丘陵林地或河谷
沿岸。小葉有 3 ～ 4 對，有明顯的
葉柄，樹皮白色平滑。年輕的葉軸
與冬芽有褐色捲毛。

中～小型且對生

梣樹、紅果接骨木、野鴨椿等

日本產的樹木之中，是對生羽狀複葉者，有木犀科**梣屬**（*Fraxinus*）的九種樹，除此之外只有**紅果接骨木**、**野鴨椿**、黃蘗（P.249）、南日本的山漆。外國產的樹種則有**白蠟槭**、凌霄花（P.280）等。

種植在市中心、連根多幹樹形的光蠟樹

小葉有 2～3 對，複葉全長 12～25cm

80%

絨芽梣的樹皮偏白色且平滑

有些葉背幾乎無毛，有些多毛，沒有一定

有淺但是明顯的鋸齒，基部小葉是略長的蛋形

← 絨芽梣

Fraxinus lanuginosa

木犀科 / 小喬木 / 日本北海道～九州

生長在山地河谷沿岸或山稜處。莖一碰水就會變成藍色。擁有小型羽狀複葉是其特徵，樹材黏性強，也當作棒球棒的材料，不過很少有很粗的樹。

↓ 席博氏梣

Fraxinus sieboldiana

木犀科 / 小喬木 / 日本北海道～九州

多半生長在海拔比絨芽梣更低的低地～山地山稜或岩石地。與絨芽梣很類似，但是小葉的鋸齒不顯，且明顯較圓。除此之外幾乎一樣。

80%

小葉有 2 對，有時是 3 對；有的是淺鋸齒，也有幾乎全緣

葉背幾乎無毛，或是葉脈旁有毛

背面

冬芽是青白色

基部的小葉是小型且近乎圓形

席博氏梣的花。給人白色純潔的印象（4/13）

夏天會開出大量奶油色的小花（**7/16**）

光蠟樹的樹皮。剝落成斑駁的樣子

70%

與類似的樹種相比，顏色明顯較深，且光澤強烈

兩面幾乎無毛

背面

這是常綠樹

葉軸有稜線

葉緣無鋸齒，通常是波狀

➡ 光蠟樹 街 全綠

Fraxinus griffithii

木犀科 / 喬木 / 原產於日本沖繩、熱帶亞洲、臺灣
屬於熱帶樹木，自二○○○年起突然受到民眾喜愛，大量種植在關東以南的院子、商業大樓、街道等地方。容易與北日本產的東瀛梣混淆，不過兩者是不同樹種。

✐小知識　光蠟樹的庭院樹木多半是連根多幹的樹形，不過原本的光蠟樹是單幹樹，且樹高可達15m。

野鴨椿的樹皮。有類似日本鰻鯰的直條紋

50%

以落葉樹來說光澤明顯

小葉一般有 3～4 對，複葉全長是 15～40cm

葉緣有細鋸齒

背面

葉背的葉脈上有少許的毛

冬芽是洋蔥形，一般會在莖端長 2 個

野鴨椿的果實。紅色果皮與黑色種子很醒目（12/17）

← **野鴨椿** 暖 〈鋸齒

Euscaphis japonica

省沽油科 / 小喬木 / 日本關東～沖繩、臺灣

生長在低地～丘陵的林緣。冬芽和樹皮是其特徵。被視為是沒有什麼用處的樹。樹材有臭味，因此在日本也有「狗屎」、「小便樹」等俗稱。

30%

罕見的樹

東瀛梣的花萌芽時很顯眼（4/2）

基部的小葉多半小型且是圓形

← **東瀛梣** 寒 〈鋸齒

Fraxinus japonica

木犀科 / 喬木 / 日本東北地方～中部地方

生長在山地潮溼場所，在北日本會種植在田埂上當作晒乾稻草的架子。有時也當作公園樹，不過很少。

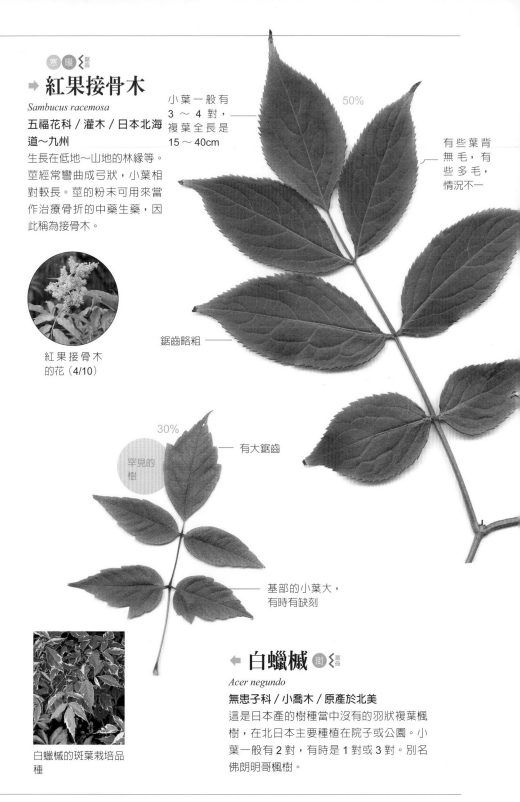

寒 暖 {鋸齒

➜ 紅果接骨木

Sambucus racemosa

**五福花科 / 灌木 / 日本北海
道～九州**

生長在低地～山地的林緣等。
莖經常彎曲成弓狀，小葉相
對較長。莖的粉末可用來當
作治療骨折的中藥生藥，因
此稱為接骨木。

小葉一般有
3 ～ 4 對，———
複葉全長是
15 ～ 40cm

50%

有些葉背
無毛，有
些多毛，
情況不一

鋸齒略粗 ———

紅果接骨木
的花（**4/10**）

30%

罕見的
樹

—— 有大鋸齒

—— 基部的小葉大，
有時有缺刻

白蠟槭的斑葉栽培品
種

◀ 白蠟槭 街 {鋸齒

Acer negundo

無患子科 / 小喬木 / 原產於北美

這是日本產的樹種當中沒有的羽狀複葉楓
樹，在北日本主要種植在院子或公園。小
葉一般有 2 對，有時是 1 對或 3 對。別名
佛朗明哥楓樹。

全緣羽狀複葉 1
漆樹科與相似的葉子

提到無鋸齒的羽狀複葉，最具代表性的就是**毛漆樹**、**木蠟樹**等的**漆樹科**植物。它們都是紅葉鮮豔，在秋天很醒目，但是一碰到樹液會引起過敏，請務必小心。葉子多半集中在莖端互生，且葉軸會變紅。

毛漆樹的紅葉（**10/19**）

木蠟樹的小葉攙雜著紅葉（**8/5**）

木蠟樹的果實。冬天也會殘留在莖上（**11/29**）

50%

葉子的正反兩面無毛，略硬且有光澤

背面

葉背帶白色

葉端尖細伸長

暖

➡ **木蠟樹**

Toxicodendron succedaneum

漆樹科／小喬木／日本關東～沖繩、臺灣

生長在靠近海岸～矮山的林地或林緣。秋天葉子會變成漂亮的鮮紅色。原產於沖繩、中國等地方，過去為了從果實採蠟，因此在各地栽種，導致大範圍野生化。樹皮有縱向裂口。過敏

葉子整體有毛，
輕輕一摸很粗糙

葉背有突
起的側脈

背面

50%

側脈的皺紋較
木蠟樹明顯

野漆樹、木蠟樹的
葉柄和葉軸多半都
帶紅色

➡ 野漆樹 暖 寒 🌱

Toxicodendron sylvestre

**漆樹科 / 小喬木 / 日本關東～九
州、臺灣**
生長在低地～山地的明亮樹林。與
木蠟樹類似，但葉子、莖、冬芽等
都有毛，且果實的蠟較少。過敏

野漆樹的花。黃綠色
且是圓錐花序（6/1）

🖐辨識重點 木蠟樹類、漆樹類都是莖葉一受傷，就會流出白色汁液，且小樹的葉子多半有少數
鋸齒。

50%

葉子正反
兩面有毛
且粗糙

年輕樹經
常有鋸齒

小葉
背面

← **毛漆樹** 寒 暖 🌱

Toxicodendron trichocarpum

漆樹科 / 灌木 / 日本北海道～九州

生長在低地～山地的林緣或路旁。一
到秋天，葉子很快就會變成紅色、橘
色或黃色。個頭較木蠟樹小，一般樹
高是 1～4m。常見有鋸齒的小葉攙雜
其中。〔過敏〕

葉柄一般
帶紅色

基部的小
葉小且圓

20%

罕見的
樹

葉子比毛漆樹
大，葉背和葉
軸有毛，表面
無毛

背面

→ **漆樹** 🌱

Toxicodendron verniciíluum

漆樹科 / 小喬木 / 原產於中國

為了從樹液採漆，過去經常人
工栽種，現在的產地所剩無
幾，野生化的個體也很罕見。

〔過敏〕

→ **黃蘗** <small>寒/對生</small>

Phellodendron amurense

**芸香科 / 喬木 / 日本北海
道～九州**

生長在山地河谷沿岸等地
方，有時也人工栽培。樹
皮的內皮是黃色，因此當
作藥用或染料。類似漆樹
類，但它的複葉是對生，
且葉柄基部包覆著冬芽。

50%

一揉葉子就會
稍微產生柑橘
類的氣味

表面無毛，
葉背有毛

背面

葉緣有細微
的凹凸，不
過近乎全緣

黃蘗的樹皮一
削開，就會看
到裡面是黃色

一般沒有頂小
葉，是偶數的
羽狀複葉

40%

背面

正反兩面無毛

稍罕見
樹木

小葉偏大型，
經常交錯著生

無患子的果實
（10/12）

<small>暖/街/生</small>

← **無患子**

Sapindus mukorossi

**無患子科 / 喬木 / 日本關
東～沖繩、臺灣**

種植在寺院或院子，有時
生長在矮山。果皮可代替
肥皂，種子被當作羽子板
遊戲（日本傳統遊戲，類
似現代的羽毛球）的球。

✍小知識 日本產的漆樹科樹木，其他還有鴉膽子（P.236），以
及蔓生植物的日本藤漆（P.277）。

全緣羽狀複葉 2
豆科（刺槐、槐等）

全緣羽狀複葉的樹木之中，小葉若明顯偏圓形的話，很有可能是**豆科**植物。豆科樹木與漆樹類不同，葉子不集中在莖端，葉軸是綠色，葉端多半不太尖銳。此外，葉緣也沒有鋸齒。

刺槐的花序是朝下，像葡萄串的形狀（5/8）

60%

小葉的葉端隱約有絲狀突出

葉軸、葉柄上的短毛略多

紫穗槐黑紫色的花（9/21）

◀ 紫穗槐 寒 暖

Amorpha fruticosa

豆科 / 灌木 / 原產於北美
種植在各地的道路擋土牆或荒地作為綠化之用，也在路旁等野生化。黑色的花很獨特，在日本的別名是黑花槐。葉子比刺槐細小。

種植當作防沙樹的外來種

為了防止土石流災情發生，在河川、道路擋土牆（造路時，在道路兩側的人工斜坡等）、荒地、海岸等種的樹稱為防沙樹，而為了成本考量，多半選用國外產、成長速度快的植物種子。因此山地道路沿途、水庫四周等地方經常看到刺槐、紫穗槐、鐵掃帚、胡枝子屬等的外國產樹種。

50%

原產於中國的鐵掃帚，樹高可達3m左右

➡ 刺槐 街 寒 暖

Robinia pseudoacacia

豆科 / 喬木 / 原產於北美

除了當作行道樹與公園樹之外，
過去也常用來綠化荒地或道路擋
土牆，也在河濱、路旁等地方大
範圍野生化。日文名稱是「偽金
合歡」，也是知名的金合歡蜜的
來源，但是其與真正的金合歡類
（相思樹類）不同屬。與槐類似
而且有刺，因此稱為刺槐。樹皮
有縱向裂口。

60%

小葉是橢圓
形，葉端稍微
內凹。正反兩
面幾乎無毛

刺槐的葉子基部有
一對刺。也有無刺
的品種

小葉 5 ～ 10 對，
複葉全長是 15 ～
30cm

比較小葉的葉端看看

200%   200%

刺槐的葉端稍微內凹   紫穗槐的葉端一般是   槐的葉端略尖
　　　　　　　　　　隱約有絲狀突出

✐小知識　豆科植物的根有能夠固氮的根粒菌共生，因此在貧瘠的土地也能夠長大。刺槐能夠增加
　　　　　地下莖，繁殖能力強。

➜ 槐 _街

Styphonolobium japonicum

豆科／喬木／原產於中國

種植在街道、公園、寺院。與刺槐類
似，不過它的葉端尖，花在盛夏開，
而且稀疏地朝上長。樹皮有縱向裂口。
在中國被視為是象徵出人頭地、帶來
好運的吉祥樹。

小葉的葉端
一般是尖的

50%

小葉有 5～9
對，表面有光
澤，主脈內凹且
明顯

葉背的葉脈
上多毛

背面

朝鮮槐的樹皮是暗
色，有菱形皮孔

➜ 朝鮮槐 _寒_暖_街

Maackia amurensis

豆科／喬木／日本北海道～九州

零星分布在山地～丘陵的樹林或
山稜、水邊等地方，有時也種植
在公園或街道上。萌芽時有銀白
色毛覆蓋，很醒目。木材是獨特
的深褐色，日本的木材業界只叫
它「槐樹」。

小葉的葉
端略鈍

背面

50%

葉背的葉
脈上多毛

與槐相比，小葉較
寬，只有3～6對，
很少，而且無光澤

比較花看看

槐的花。奶油色，圓錐花序（7/22）

朝鮮槐的花。總狀花序（7/24）

四國香槐的花。圓錐花序，花萼是褐色（5/27）

小葉 4～6 對，側脈有 12 對以上，很多。正反兩面幾乎無毛

葉端尖尖伸長

50%

稍罕見樹木

150%

嫩莖有褐色的捲毛

← 四國香槐 寒

Cladrastis shikokiana

豆科 / 喬木 / 日本關東～九州

偶爾生長在山地河谷沿岸。小葉互生，年輕的葉柄與嫩莖有褐色捲毛。葉柄基部覆蓋住冬芽（葉柄內芽）也是其特徵。樹皮沒有裂口。

小葉有 2～4 對，沒有頂小葉

60%

這是常綠樹

→ 繖房決明 街

Senna corymbosa

豆科 / 灌木 / 原產於南美

在日本以「安地斯的少女」名稱流通於市面上，近年來經常當成庭院樹木。莖略下垂伸長，葉子約有 3 對細長的小葉，是獨特的偶數羽狀複葉。

繖房決明的花在夏天～秋天開（10/16）

🖐辨識重點 與四國香槐十分相似的翅莢香槐，葉子與多花紫藤類似，小葉比四國香槐圓，且沒有褐色捲毛。

二回羽狀複葉（小型小葉）

豆科（合歡、相思樹類等）

小葉呈羽狀排列的東西（羽片）更進一步排列成羽狀，更成一片葉子，這種形式稱為二回羽狀複葉。這在日本樹木之中是非常罕見的狀態，若小葉長度在 2cm 以下者，可以判斷是**合歡**或**相思樹類**（常綠樹）等外國產的樹種。

合歡的花宣布夏天的到來（7/15）

➡ **合歡** 暖

Albizia julibrissin

豆科 / 小喬木 / 日本本州～九州、臺灣

生長在山野的林緣、原野、河岸等明亮場所的先鋒樹，偶爾也會種植在公園等地方。樹形是樹枝展開呈傘狀，樹高可達 5 ～ 10m 左右。別具特色的葉形一看就能夠分辨。別名馬纓花。

沒有頂小葉，葉形是二回偶數羽狀複葉

60%

小葉柔軟，天色一暗就會閉上

葉柄靠近基部的地方有花外蜜腺

小葉
100%

背面
小葉是菜刀形

合歡的樹皮。有許多疣狀皮孔

大量粉紅色的長雄蕊展開（7/10）

有頂小葉的二回羽狀複葉

巴西藍花楹

Jacaranda mimosifolia

紫葳科 / 喬木 / 原產於南美

罕見的熱帶花樹，偶爾種植在溫暖地區的院子或公園裡。葉子與合歡類似，但它是有頂小葉的二回奇數羽狀複葉，而且複葉是對生。

看看葉端就會看到尖銳的頂小葉，藉此能夠與合歡區分

花是紫色，與毛泡桐類似（4/27）

沖繩‧小笠原的「合歡」

銀合歡 暖

Leucaena leucocephala

豆科 / 小喬木 / 原產於中南美

在貧瘠土地上也能夠快速成長，在沖繩、小笠原是種來綠化荒地、當作綠肥，因而野生化，茂盛到幾乎威脅到原生物種。葉子與合歡相似，但略是青白色。別名白相思子。

葉子是二回偶數羽狀複葉，小葉比合歡少且稀疏

25%

與合歡相比，主脈通過中央附近

小葉
100%

背面

花是白色，而且是直徑約 3cm 的球形花序（11/1）

二回偶數羽狀複葉，沒有頂小葉。羽片大約 10～20 對

80%

80%

這是常綠樹

這是常綠樹（罕見的樹）

小葉遠比合歡小，長度約 5mm 左右

小葉比銀栲短，長度約 3mm

葉柄、葉軸、葉背等多毛

200%

200%

銀栲的羽片基部有 1 個花外蜜腺

黑荊的羽片基部有 1～3 個花外蜜腺

開花期的銀栲。樹高可達 10m 左右（4/4）

↑ 銀栲 街

Acacia dealbata

豆科 / 喬木 / 原產於澳洲

與灰葉栲並列相思樹的代表樹種，兩者的英文名稱同樣叫含羞草（mimosa）。有時種植在院子、公園、街道等地方。葉子比合歡小，是青白色。春初開球形的黃花很醒目。

↑ 黑荊 街

Acacia mearnsii

豆科 / 喬木 / 原產於澳洲

與銀栲相似，但小葉小，葉軸的花外蜜腺數量多，花是奶油色。偶爾當作植栽。原本的學名有「軟毛多」的意思。

➡ 灰葉栲 街

Acacia baileyana

豆科 / 小喬木 / 原產於澳洲

葉子比銀栲小，樹高也大約 6m，屬於小型，也經常種來當作庭院樹木或盆栽。葉子帶銀白色，近年也出現帶紫色的栽培品種「紫貝利氏相思樹」。

二回偶數羽狀複葉，羽片有 2～5 對

這是常綠樹

100%

羽片的基部有花外蜜腺

比較花看看

銀栲的花是黃色，2～4 月開　　黑荊的花是黃白色，5 月左右開　　灰葉栲的花是黃色，2～4 月開

小樹的葉子與合歡相似

➡ 黑木相思 暖

Acacia melanoxylon

豆科 / 小喬木 / 原產於澳洲

小樹可看到與合歡類似的二回羽狀複葉，不過成樹的葉柄變成扁平狀的假葉。主要種植在日本瀨戶內海沿岸，用來綠化山林大火遺跡與荒地，有些地區可看到野生化的狀態。

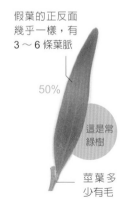

假葉的正反面幾乎一樣，有 3～6 條葉脈

50%

這是常綠樹

小樹的葉子容易與合歡混淆　　成樹的假葉。寬窄不一定。花是奶油色

莖葉多少有毛

📎 小知識　豆科相思樹屬據說是以澳洲為中心，約有 1000 種分布在各地。日本也進口多種園藝用的樹種。

二回羽狀複葉（中型小葉）
遼東楤木、南天竹、苦楝等

小葉長度 2cm 以上的大型二回羽狀複葉，是以**遼東楤木**、**南天竹**、**苦楝**為代表。罕見樹木的話，則有山皂莢、蔓生植物的雲實（P.280）。另外，草本植物的**帝王大麗菊**的葉子也與遼東楤木相似。

二回羽狀複葉全長 40～80cm

50%

背面

小葉 長 3～6cm，略細的蛋形

有時小葉上會有 3 個缺刻

遼東楤木在晚夏開白花（9/3）

← 苦楝 暖 街 雜

Melia azedarach

楝科 / 喬木 / 日本關東～沖繩、臺灣

原本生長在四國、九州以南的山野，也種植在寺院、學校、公園等地方，在溫暖地區也有野生化。成長速度快，樹形橫寬，會長成大樹。樹皮有縱向裂口。

苦楝的果實是黃色，長度約 2cm（11/14）

苦楝的花在夏初開，紫色與白色給人清純的印象（6/1）

10%

二回羽狀複
葉全長 50 ～
100cm

➡ 遼東楤木 暖 寒 落

Aralia elata

五加科 / 灌木 / 日本北海道～九州

生長在山野林緣、荒地、路旁等明
亮場所，經常群生。莖葉多刺。新
芽做成炸物很美味，被稱為是山菜
之王，因此也有人工栽種。無刺的
品種稱為雌楤木。

遼東楤木的新芽稱為
楤木芽（4/15）

小葉長度 5 ～
15cm，寬蛋形

50%

葉背的葉脈
上等處多毛

年輕樹的葉
軸上有刺

🖊小知識　日本俗語「白檀從發芽時就釋放芳香」（意思是長大有大成就的人往往從小就表現出色）
這句話裡的白檀是指檀香（檀香科），不是苦楝。（注：白檀與苦楝的日文發音相同）

259

50%

小葉長 2～9cm，
大小變異多

正反兩
面無毛

這是二回羽狀複
葉的一部分，
全長可達 30～
80cm

這是常
綠樹

背面

基部的小葉有
時會分成 3 片

南天竹的花
（6/19）

南天竹的果實被當成止咳
藥（12/7）

小葉大量變紅的矮生栽
培品種多福南天竹

← 南天竹 街 暖

Nandina domestica

小蘗科 / 灌木 / 日本本州～九州

因為日文名稱與「跨越困難」同音，因
此被視為是吉祥樹，自古就當作庭院樹
木或盆栽。據說原產於中國，也經常在
溫暖地區的樹林裡野生化。樹形是會長
出許多細樹幹，也有很多葉子顏色與形
狀不同的栽培品種。

➡ 山皂莢 寒 暖 街（全棵）

Gleditsia japonica

豆科 / 喬木 / 日本本州～九州

偶爾生長在山野河邊或河谷沿
岸，有時人工栽種。葉子多是
一回羽狀複葉，不過也攙雜著
二回羽狀複葉。果實含有皂素，
會起泡，因此被當成肥皂的替
代品或藥用。

山皂莢的果實。有
大型且扭曲的豆莢
（10/6）

短莖長著
一回偶數
羽狀複葉

50%

罕見的
樹

50%

二回偶數羽狀複
葉多長或嫩莖

背面

樹幹分支
長出的刺

二回羽狀複葉的巨
大園藝植物

帝王大麗菊 街（園藝）

Dahlia imperialis

菊科 / 多年草 / 原產於中美

這是近年來愈來愈多的園藝植物，雖然是草本植物，
卻能夠長到 4m 左右，莖會木質化。葉子是大型的
二回奇數羽狀複葉，外觀類似遼東楤木，但複葉是
對生。別名是「帝王大理花」。

它會在鮮少植物開花的
11 ～ 12 月開出醒目的粉
紅色花

小知識 像南天竹或苦楝這種，二回羽狀複葉的小葉更進一步全裂的葉形，稱為三回羽狀複葉。

不分裂葉·
互生的蔓生植物

菝葜、南五味子、珍珠蓮等

屬於蔓生植物的樹種數量有限，因此只要檢查葉形、葉子著生的方式、有無鋸齒、蔓生莖攀爬的方式等，要分辨並不是那麼困難。除了本頁介紹的之外，菱葉常春藤類（P.271）、漢防己類（P.273）也有不分裂葉。

菝葜的花（4/18）與果實（11/29）

➡ 南五味子 暖 鋸齒 全緣

Kadsura japonica

五味子科 / 常綠蔓生植物 / 日本關東～沖繩、臺灣

生長在低地～丘陵的常綠樹林裡，蔓生莖以 S 捲的方式攀上高樹。果實很醒目，樹皮的黏液被用來當作日本武士的頭髮定型液，因此也稱為「美男葛」。

90%

一般葉子的鋸齒很稀疏，不過也有些葉子沒有鋸齒

南五味子的果實是小顆粒集中構成 直 徑 約 3cm 的球形（12/7）

正反兩面無毛，有明顯光澤

剝下莖的樹皮，就會產生黏性

葉端稍微突出

90%

正反兩面無毛，葉背的葉脈旁有毛

⬅ 南蛇藤 寒 暖 鋸齒

Celastrus orbiculatus

衛矛科 / 落葉蔓生植物 / 日本北海道～九州

生長在低地～山林。蔓生莖是 Z 捲攀上高樹，粗的蔓生莖樹皮有縱向裂口。葉子類似梅。果實是黃色與朱紅色對比，相當美麗，也用來製作耶誕花圈或插花的花材。

南蛇藤的果實
（10/26）

➡ 菝葜 暖 寒 (全緣

Smilax china

菝葜科 / 落葉蔓生植物 / 日本北海道～沖繩、臺灣

生長在山野的林緣，利用莖上的刺和卷鬚攀上其他草木。圓葉很獨特，在西日本有許多地區用來當作日式點心柏餅的葉子。別名是山歸來。

90%　　　　　背面

正反兩面無毛，光澤強烈，有明顯的 3 ～ 5 脈

托葉上經常有卷鬚

莖是綠色。零星分布著彎刺

90%　　　背面

黃鱔藤的果實是紅色～黑色（6/30）

葉子是蛋形，有許多彎曲的長側脈並列

⬅ 黃鱔藤 寒 暖 (全緣

Berchemia racemosa

鼠李科 / 落葉蔓生植物 / 日本北海道～沖繩、臺灣

生長在丘陵～山林，攀著其他樹木。蔓生莖是綠色 S 捲，像熊一樣強壯，日文名稱叫「熊柳」，但與楊柳科完全不像也沒有關係。葉子上的側脈既醒目又獨特。

🔍 辨識重點　菝葜是單子葉植物，蔓生莖是帶紅色的綠色，沒有木栓層，過去隸屬百合科。

從葉基延伸
而出的 3～
5 脈很醒目

70%

有繞莖一圈
的托葉痕

← **風藤** 暖（全緣）

Piper kadsura

**胡椒科 / 常綠蔓生植物 / 日本關東～
沖繩、臺灣**

生長在海岸附近的常綠樹林。會長出
氣根大範圍覆蓋樹幹、岩石、地面，
高度可達 10m。葉子是心形，一咬下
葉子就會產生類似胡椒的風味。

風藤的果實（1/7）

90%

葉子是心形。
嫩莖的葉基甚
至有 3 裂葉

葉背、葉
柄有毛

大葉馬兜鈴的花。外
型像薩克斯風（5/4）

→ **大葉馬兜鈴** 暖（全緣）

Aristolochia kaempferi

**馬兜鈴科 / 落葉蔓生植物 / 日本關東～九
州、臺灣**

生長在低地～山林，蔓生莖是 Z 捲攀上樹木，
高度可達 3m 左右。名稱是因為花與果實的
外型類似掛在馬身上的鈴，而且葉子比馬兜
鈴大。

➜ 珍珠蓮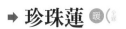

Ficus nipponica

桑科 / 常綠蔓生植物 / 日本本州～沖
繩、臺灣

生長在低地～丘陵的常綠樹林，會長出
氣根攀上樹木或岩石。屬於無花果的夥
伴，果實直徑約 1cm。嫩莖的葉子與假
枇杷葉形幾乎相同。

葉端尖

90%

葉子細長，
正反兩面幾
乎無毛

背面

稍微罕見
的蔓生
植物

有時有鈍
鋸齒

90%

⬆ 鄧氏珍珠蓮

Ficus thunbergii

桑科 / 常綠蔓生植物 / 日本關東
南部～沖繩

葉子比珍珠蓮小，生長在靠近海
邊的林緣或懸崖等地方。特徵是
葉背多毛，嫩莖的葉子略偏小型
且有鈍鋸齒。果實直徑約 2cm。

葉子是寬蛋
形，正反兩面
幾乎無毛

葉端鈍

90%

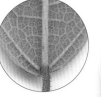

鄧氏珍珠蓮的
葉背。葉脈旁
有許多開出毛

嫩莖的葉子
是長度約
2cm 的心形

➜ 薜荔

Ficus pumila

桑科 / 常綠蔓生植物 / 日本關東南
部～沖繩、臺灣

葉子和果實比珍珠蓮大，生長在靠近
海岸的溫暖樹林裡。嫩莖的葉子是小
型葉，密集貼附在岩壁或樹幹是其特
徵。當作園藝用途時，名叫普米拉。

薜荔的果實長度
4 ～ 5cm，可食用
（5/20）

90%

不分裂葉・ 對生的蔓生植物

忍冬、亞州絡石、長柄蔓八仙花等

不分裂葉對生的蔓生植物之中，在日常生活的樹叢裡常見的**忍冬**與**雞屎藤**、常綠樹的**亞州絡石**與**扶芳藤**、山林裡常見的**長柄蔓八仙花**與**繡球鑽地風**，彼此都很相似，容易混淆，因此必須留意。

亞州絡石的花。會從白色變成淺黃色 （6/5）

背面

正反兩面有毛

鋸齒細，有 30 對以上

忍冬的花。會從白色變成淺黃色，因此也稱為金銀花（6/11）

←忍冬 暖 寒 全線

Lonicera japonica

忍冬科 / 半常綠蔓生植物 / 日本北海道～沖繩、臺灣

經常生長在明亮的樹叢裡。有花蜜可吸取。葉子在冬天也會留下部分，因此稱為忍冬。

70%

葉背的葉脈網格很明顯

背面

80%

↑ 長柄蔓八仙花

寒 鋸齒

Hydrangea petiolaris

八仙花科 / 落葉蔓生植物 / 日本北海道～九州

生長在山地的圓齒水青岡樹林等地方，利用氣根攀上其他樹的樹幹等。在梅雨季節會開出類似繡球花的花，很醒目。

→ 亞州絡石 暖 全線

Trachelospermum asiaticum

夾竹桃科 / 常綠蔓生植物 / 日本本州～九州

多半在常綠樹林裡，利用氣根攀上其他樹木。花有香氣，果實細長，長度約 20cm。舊葉會變紅。

匍匐在地面的葉子是小型葉，且葉脈明顯

一揉就會產生臭味　80%

70%

鋸齒粗，有不到20對

有三角形的托葉

雞屎藤的花（8/5）

⬆ **雞屎藤** 暖 寒 (合瓣

Paederia foetida

茜草科 / 落葉蔓生植物 / 日本北海道～沖繩、臺灣

經常生長在樹叢或林緣，因為葉子和果實的味道，因此叫雞屎。葉子有橢圓形也有心形，變異多。別名臭腥藤。

寒 暖 鋸齒

⬆ **繡球鑽地風**

Schizophragma hydrangeoides

八仙花科 / 落葉蔓生植物 / 日本北海道～九州

與長柄蔓八仙花類似，但葉子的鋸齒與裝飾花不同，也生長在矮山的樹林裡。

扶芳藤的果實。會冒出 4 裂的朱紅色種子（11/2）

70%　　背面

比較花看看

繡球鑽地風（左）的裝飾花萼片是 1 個，長柄蔓八仙花（右）有 4 個。

➡ **扶芳藤** 寒 暖 鋸齒

Euonymus fortunei

衛矛科 / 常綠蔓生植物 / 日本北海道～沖繩、臺灣

多半生長在山地的落葉樹林裡，利用氣根攀上其他樹木。花與果實類似日本衛矛。

匍匐莖的葉子類似亞州絡石，不過扶芳藤有鋸齒

80%

分裂葉的蔓生植物 1

長出卷鬚的葡萄科

分裂葉的蔓生木本植物中，莖會長出卷鬚的就是**葡萄科**植物。王瓜等瓜科、西番蓮科的植物也是分裂葉且有卷鬚，不過這些是草本植物，而且莖不會木質化，冬天會枯萎。

異葉山葡萄的果實有藍色、紫色、紅紫色等，色彩繽紛，但不可食用（11/9）

葉背有白色～褐色的綿毛密生

裂片頂端多半偏鈍

← 桑葉葡萄 暖 寒

Vitis ficifolia

葡萄科 / 落葉蔓生植物 / 日本本州～沖繩

生長在海岸～山地的林緣，葉背有毛密生，因此偏白。秋天果實變成黑紫色，可食用。果實的汁液和莖的顏色是葡萄色（略帶紫的暗紅色）。

50%

卷鬚與葉子對生

葉表一開始有毛，後來無毛，葉脈的皺紋醒目

類似的其他夥伴

王瓜 暖

Trichosanthes cucumeroides

瓜科 / 落葉蔓生植物 / 日本本州～九州、臺灣

樹叢中常見的蔓生多年草本植物，葉子有 3 ～ 5 淺裂。夏夜會開白花。果實不可食用。

葉子正反兩面有細毛密生

果實（12/19）

40%

60%

100%

異葉山葡萄的
葉背是淺綠
色，葉脈旁有
毛

30%

有些小樹或個體
可看見有複雜深
缺刻的葉子

← 異葉山葡萄 暖 寒

Ampelopsis glandulosa

**葡萄科 / 落葉蔓生植物 / 日本北
海道～沖繩**

生長在海岸～山地的樹叢或林
緣。與桑葉葡萄不同，葉背的毛
不明顯，果實不可食用。葉子一
般是 3 裂，不過葉形也常有例外。

紫葛的葉背。與桑
葉葡萄一樣密生著
白色～褐色的綿毛

200%

50%

葉表一開始有
毛，後 來 無
毛，葉脈的皺
紋醒目

紫葛的果實。可
食用（10/25）

→ 紫葛 寒

Vitis coignetiae

**葡萄科 / 落葉蔓生植物 / 日本北海
道、本州、四國**

生長在山地的林緣，葉子遠比桑葉
葡萄大，長度可達 15 ～ 30cm。一
進入秋天，最早變成紅葉，因此很
醒目。紫葛和桑葉葡萄的樹皮有長
長的縱向剝落。

葉 子 是 3 ～
5 淺裂

小知識 葡萄科還有葉子是三角形不分裂葉的光葉葡萄，分布在山地，以及與之類似的甘葛分布
在西日本。

分裂葉的蔓生植物 2
地錦類、寒梅類、防己科

相較於葡萄類（P.268）有卷鬚，地錦則是以吸盤，菱葉常春藤類是以氣根，防己科是以莖捲著其他物品攀爬。另一方面，寒梅類的莖則是匍匐在地，一般不會攀上樹木等。

利用氣根（左下）攀上樹幹的菱葉常春藤

莖長出的吸盤

一般是3裂

70%

不開花的莖端有很多小型的不分裂葉 ──

紅葉背面70%

嫩莖也會長出類似日本藤漆（P.277）的三出複葉

紅葉70%

建築物牆面上葉子變紅的地錦（12/6）

↑ 地錦 寒 暖 街 螺旋

Parthenocissus tricuspidata

**葡萄科 / 落葉蔓生植物 / 日本
北海道～九州、臺灣**

生長在海岸～山地的林緣或岩石地。秋天的紅葉很美，會長出有吸盤的卷鬚是其特徵，經常種來綠化圍牆或牆面。別名是爬牆虎。

➡ 菱葉常春藤 暖 街 (全綠)

Hedera rhombea

五加科 / 常綠蔓生植物 / 日本本州～沖繩

生長在低地～矮山的林緣或樹林裡，也種植在院子或牆面。類似地錦但完全不同，冬天也有葉子。葉形有許多例外。

70%

⬇ 加那利常春藤 街 (全綠)

Hedera canariensis

五加科 / 常綠蔓生植物 / 原產於西班牙加那利群島

葉子比菱葉常春藤、常春藤大且寬。也有斑葉品種等。經常種來綠化院子、公園或牆面。葉形類似日本的阿多福面具長相，因此在日本也稱之為龜藤。（注：阿多福面具也稱為阿龜面具。）

葉子多半是5淺裂，也有深裂葉或3裂葉

背面

成葉的正反兩面幾乎無毛

開花的莖多是不分裂葉

70%

葉子長度10～20cm，一般是3裂葉或不分裂葉

斑葉的常春藤

葉柄長度可達 20cm 以上，幾乎無毛

➡ 常春藤 街 (全綠)

Hedera helix

五加科 / 常綠蔓生植物 / 原產於歐洲～西亞

類似地錦，不過葉柄、葉背、嫩莖有白毛。有許多葉形和顏色不同的栽培品種，經常種植在院子、公園或牆面等。英文名稱是 ivy。

3～5裂葉或不分裂葉，缺刻的深度和形狀有不同變化

背面 70%

與地錦不同，葉柄和葉背的葉脈上有毛

📝小知識　地錦類多半種植在寬廣的地面或斜坡當作綠化用途，這種用途稱為「綠覆面」。

70%

茎和葉柄
有刺，褐
色毛密生

缺刻極淺，
葉子表面多
毛且粗糙

← 寒梅 暖

Rubus buergeri

**薔薇科 / 常綠匍匐灌木 / 日本關東～九
州、臺灣**

果實在秋天～冬天成熟的懸鉤子類。葉子
也是常綠，主要生長在常綠樹林裡。莖匍
匐在地，群生。特徵是葉子為 3 ～ 5 淺裂
或不分裂葉，葉端圓。

寒梅的果實甜，
可食用（10/24）

葉子有 3 ～
5 淺裂，葉
端圓

葉脈皺紋很明顯，
正反兩面有毛。尤
其是背面有淺褐色
的毛密生

→ 席博氏懸鉤子 暖

Rubus sieboldii

**薔薇科 / 常綠匍匐灌木 / 日本
關東南部～沖繩**

生長在海岸～矮山的常綠樹
林，葉子、花、果實都比寒梅
大。莖稍微直立，樹高可達
70cm 左右。果實形狀像炒茶
葉用的陶鍋。

70%

葉柄和莖有刺，
有褐色毛密生

席博氏懸鉤子的果實。夏
天成熟，可食用（5/9）

➡ 深山寒梅 暖 寒 {鋸齒

Rubus hakonensis

薔薇科 / 常綠匍匐灌木 / 日本關東～九州

葉端比寒梅尖，莖葉的毛少。多半在內陸靠山地的地方，因此稱為深山寒梅，不過經常與寒梅混生，兩者也有雜交種合子寒梅。它們的樹高都是 20cm 左右。

70%

鋸齒較寒梅明顯

葉端比寒梅尖

➡ 木防己 暖 寒 {全緣

Cocculus trilobus

防己科 / 落葉蔓生植物 / 日本北海道～沖繩、臺灣

生長在山野的林緣或路旁。蔓生莖是 Z 捲攀上草木，高度可達 2 ～ 3m。果實沒有拿來食用，不過具有藥效。別名有土牛入石等。

木防己的果實是藍紫色（9/20）

70%

3 條葉脈略醒目

70%

5 ～ 7 裂葉很明顯，不過樹冠較多心形的不分裂葉。正反兩面幾乎無毛，葉背是白色

3 淺裂葉與不分裂葉攙雜

葉背是淺綠色，正反兩面多毛

背面

稍微罕見的蔓生植物

➡ 漢防己 暖 {全緣

Sinomenium acutum

防己科 / 落葉蔓生植物 / 日本關東～沖繩、臺灣

葉子比木防己大。生長在矮山的林緣，可攀上 10m 的高度。蔓生莖牢固，可用來製作藤籠。果實是黑色。

掌狀複葉的蔓生植物

木通、石月等

在日本的樹木之中，只有**木通**和**石月**是掌狀複葉的蔓生植物。其他還有偶爾當作植栽的葡萄科植物五葉爬山虎。擁有類似掌狀複葉的鳥趾狀複葉的蔓生植物，在身邊常見的就是多年生草本植物**虎葛**、絞股藍。

木通的花是淺紫色～白色（4/13）

葉端有短短的突出

50%

小葉有 5～7 片，小樹的小葉有時有 3 片或 1 片

➡ 石月 暖 （常綠）

Stauntonia hexaphylla

（*S.obovatifoliola*）

**木通科 / 常綠蔓生植物 /
日本本州～沖繩**

生長在海岸林～矮山的常綠樹林林緣等，也當作綠籬。蔓生莖是 Z 捲攀上高樹。與木通類似，不過六葉野木瓜是常綠植物，小葉屬大型，一般有 7 片。別名六葉野木瓜。果實是紅紫色，可食用，但是不會裂開。

常綠樹，因此葉子比木通更厚且有光澤

100%

葉背有十分明顯的葉脈網格

石月的花是白色，有紫色條紋
（4/13）

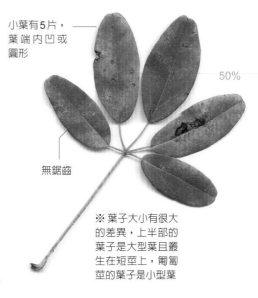

小葉有5片，
葉端內凹或
圓形

50%

無鋸齒

➡ 木通 暖 寒 (全緣

Akebia quinata

**木通科 / 落葉蔓生植物 / 日本
本州～九州**

經常生長在山野的林緣。蔓生
莖是 Z 捲攀上高樹，很牢固，
因此與多花紫藤（P.279）一樣
會用在精緻藝品上。果實是敞
開的。

※ 葉子大小有很大
的差異，上半部的
葉子是大型葉且叢
生在短莖上，匍匐
莖的葉子是小型葉

木通的果實。果
肉甜，可生吃。
紫色～白色的果
皮可用來做鑲肉
料理（10/22）

類似鳥腳的鳥趾狀複葉

生長在身邊的樹叢裡的蔓生多年生草
本植物虎葛（葡萄科），乍看之下像
是掌狀複葉，但仔細一看就會發現它
的葉柄有 3 分支，而且更進一步往外
側分支長出小葉。這種形狀的葉子稱
為鳥趾狀複葉。

在日本樹木之中，頂多只有高山植物
的五葉莓類（薔薇科）是鳥趾狀複葉，
不過在草本植物中還有瓜科的絞股
藍、天南星科的天南星類、毛茛科的
聖誕玫瑰等。

虎葛的葉子。
有鋸齒

40%

三出複葉的蔓生植物
日本藤漆、葛藤、女萎等

三出複葉的蔓生植物之中，最常見的就是身邊的大型雜草**葛藤**。經常引起過敏的**日本藤漆**，除了利用氣根貼附在樹幹等地方，伸出橫枝開花結果之外，也經常會匍匐在樹林的地面，請務必留意。

日本藤漆的紅葉是紅色～黃色，色彩鮮豔（10/30）

⇒ 三葉木通

Akebia trifoliata

木通科／落葉蔓生植物／日本北海道～九州

與木通相似也混合在一起生長，不過它有 3 片小葉且有鋸齒，花是暗紫色，果實略偏大型。有時也會看到兩者的雜交種五葉木通，小葉是 5 片且有鋸齒。木通類有時也有人工栽培。

一般在小葉的基部有鈍鋸齒

50%

三葉木通的果實。紅紫～褐色，可食用（9/27）

⇒ 女萎 寒 暖 對生 鋸齒

Clematis apiifolia

毛茛科／落葉蔓生植物／日本本州～九州

生長在山野的林緣等地方，利用葉柄捲附在草木上攀爬。花比同科的圓錐鐵線蓮（P.281）小。還有小葉更進一步變成 3 全裂的變種小女萎。

小葉經常是 3 裂，類似牡丹的葉子

葉脈皺紋明顯

50%

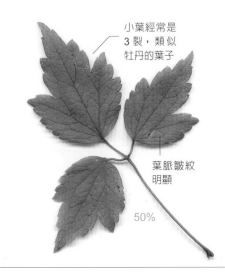

女萎的果實。有羽毛狀的白毛（10/30）

日本藤漆

Toxicodendron orientale

漆樹科／落葉蔓生植物／日本北海道～九州、臺灣

過敏植物的代表樹種。生長在山地～海岸的林緣或林地，莖會長出氣根攀上樹幹或岩石達 3 ～ 10m 左右。紅葉很美，在秋天很醒目。過敏

50%
爬高莖的葉子是大型全緣葉
葉柄多半有紅色
匐匍在地的嫩莖多半是小型鋸齒葉。與木通（P.275）的嫩葉類似，不過鋸齒頂端沒有絲狀
背面
40%

小葉長度可達 10 ～ 15cm，很大型
50%
葉柄與莖上有許多褐色長毛。葉背有許多短毛
小葉有許多缺刻

葛藤

Pueraria lobata

豆科／落葉蔓生植物／日本北海道～九州

經常生長在山野的林緣或樹叢，利用蔓生莖捲附喬木爬高。生育力旺盛，經常覆蓋一整片區域。從根取得的葛粉（葛根粉）可用來製作日式甜點的葛餅或葛粉條。

葛藤的花是紅紫色，秋天開花（9/20）

小知識　蔓生植物有很多是介於木本植物與草本植物之間。葛藤經常被分類為草，不過它的粗蔓生莖會長冬芽，從這點判斷它是樹。

羽狀複葉的蔓生植物
紫藤屬、凌霄花等

有羽狀複葉的蔓生木本植物代表，就是**多花紫藤**和**山紫藤**，與木通（P.275）同屬山野中最多的蔓生植物。半蔓生的野薔薇（P.227）、匍匐型的懸鉤子類（P.228）則放在有刺的羽狀複葉部分介紹。

多花紫藤的果實。豆莢長 10 ～ 20cm（8/23）

← 山紫藤

Wisteria brachybotrys

豆科 / 落葉蔓生植物 / 日本中部地方～九州

與多花紫藤類似，分布在西日本，小葉幅度寬且片數少，蔓生莖的捲法與多花紫藤相反，而且花序短。在山野與多花紫藤混生，也當作庭院樹木或盆栽。花是紫色，也有白花的品種。

小葉 4 ～ 6 對，複葉全長 15 ～ 30cm

50%

與多花紫藤相比，葉背的葉脈上等地方多毛

背面

與多花紫藤相比，小葉基部較寬

比較花與藤看看

山紫藤的花序長度 10 ～ 20cm，很短

多花紫藤的花序長度 30 ～ 100cm，很長

日本老荊藤是白花，且花序長 10 ～ 20cm

山紫藤的蔓生莖是往右上捲（Z 捲）

多花紫藤的蔓生莖是往左上捲（S 捲）

日本老荊藤的蔓生莖是往左上捲（S 捲）

➡ 多花紫藤 暖 寒 街 🌱 🌳

Wisteria floribunda

豆科 / 落葉蔓生植物 / 日本本州～九州

大範圍生長在低地～山地林緣等的代表性蔓生植物。也種植在院子或公園打造成藤架。利用蔓生莖攀上高樹，寬度有時可超過 30cm。在日本有野田藤的別名，因為大阪市野田是欣賞多花紫藤的知名地點。

小葉 5 ～ 9 對，複葉全長 20 ～ 35cm

50%

小葉比山紫藤細長，是明顯的波狀葉

葉背多少有毛

豆科樹木一般在葉柄基部有稱為葉枕的隆起

小葉 4 ～ 7 對，複葉全長 10 ～ 25cm

50%

葉端稍微突出且鈍

⬅ 日本老荊藤 暖 🌱 🌳

Wisteria japonica

豆科 / 落葉蔓生植物 / 日本關東南部～九州

葉子明顯比多花紫藤、山紫藤小，蔓生莖也較細，花是白色，在夏天開。主要生長在西日本的低地～丘陵的林緣等，偶爾也會當作庭院樹木。

葉緣有細波狀。正反兩面幾乎無毛

凌霄花的花
（7/12）

50%

葉脈明
顯下凹

← 凌霄花 街 對生 攀藤

Campsis grandiflora

**紫葳科／落葉蔓生植物／原產
於中國**

在日本平安時代（794 ～ 1192
年）當作藥物用，現在則當成
庭院樹木。莖會長出氣根，攀
上柵欄或其他樹木等，高度可
達 3m 左右。

雲實的花是黃色，很
美（5/18）

鋸齒粗

30%

小葉柔軟，
葉端圓

二回偶數羽
狀複葉，沒
有頂小葉

→ 雲實 暖 攀藤

Caesalpinia decapetala

**豆科／落葉蔓生植物／日本本
州～九州、臺灣**

偶爾生長在山野的林緣、河岸、
荒地等地方。利用有許多利刺的
莖或葉軸纏上其他樹木等，有時
可爬上 10m 以上。其糾纏的樣
子很像蛇。

稍微罕
見的蔓
生植物

葉軸有反勾刺，
容易勾在衣服上

小葉一般是 2
對，有時是 1 對

50%

葉背的葉脈突
出。正反兩面幾
乎無毛

一般是全緣葉，有
時也會出現少量的
鋸齒

小葉柄會伸
長捲上其他
物品

背面

圓錐鐵線蓮的
花 直 徑 2 ～
3cm，夏天開
（9/14）

暖 寒 對生 全緣 鋸齒

↑ 圓錐鐵線蓮

Clematis terniflora

**毛莨科 / 半常綠蔓生植物 / 日本
北海道～沖繩**

經常生長在山野的林緣、樹叢，
利用小葉柄捲附攀爬灌木或草。
果實有羽毛狀的毛，看來就像神
仙的鬍子。一碰到莖葉的汁液可
能會長水泡。過敏

→ 多花素馨 街 對生 全緣

Jasminum polyanthum

木犀科 / 常綠蔓生植物 / 原產於中國

纏上欄杆當作庭院樹木，樹高 2m 左
右。花蕾經常帶粉紅色，花是白色，
綻放時像穿著羽衣，香氣強烈。

50%

多花素馨的花（5/5）

葉子有光澤，
且有明顯的 3
條葉脈

名字有松的樹

松樹類、日本落葉松、魚鱗雲杉、庫頁冷杉等

日本赤松、**黑松**等的松科**松屬**（*Pinus*）是針葉樹的代表樹種，但**雲杉屬**（*Picea*）、**冷杉屬**（*Abies*）、**落葉松屬**（*Larix*）的樹木名稱裡也有松字，很麻煩。這裡的介紹與物種分類無關，只是將日文名稱有松的樹木集中在一起。

日本赤松的樹形與毬果（松毬）
（3/21）

➡ 日本赤松 暖 寒 街

Pinus densiflora

松科 / 喬木 / 日本北海道～九州

大範圍生長在山地～低地的山稜或貧瘠土地等，也植林用來當作木材或燃料。也種植在院子或公園裡。樹幹是紅色。葉子柔軟，因此在日本稱為雌松。

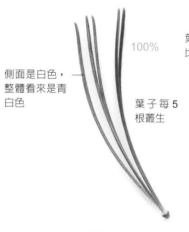

碰到葉端也
不會痛

100%

葉子每2根叢生，
比黑松細且略短

100%

側面是白色，
整體看來是青
白色

葉子每5
根叢生

冬芽偏紅，
鱗片外翻

⬆ 日本五葉松 寒 街

Pinus parviflora

松科 / 喬木 / 日本北海道～九州

生長在山地～高山的岩石地或山稜，也當作庭院樹木或盆栽。葉子每5根長在一起，因此稱為五葉松。可與西日本產的短葉變種姬小松、北日本產的長葉變種北五葉區隔。

碰到葉端
會痛

黑松是灰黑色。兩個
顏色都有短棒狀裂口

日本赤松是紅褐色。
樹幹上半部的樹皮經
常剝落,變得光滑

當成庭院樹木的日本
五葉松經過修剪的樹
形

← 黑松 (暖)(街)

Pinus thunbergii

松科 / 喬木 / 日本本州～九州

經常生長在海岸或靠近海邊的矮山,也
經常種植在院子、公園、街道或海岸綠
化用。樹幹是黑色,葉子比日本赤松硬
且長,因此在日本也稱為雄松。

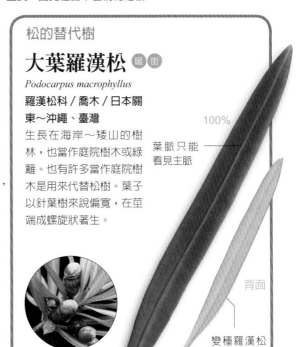

松的替代樹

大葉羅漢松 (暖)(街)

Podocarpus macrophyllus

**羅漢松科 / 喬木 / 日本關
東～沖繩、臺灣**

生長在海岸～矮山的樹
林,也當作庭院樹木或綠
籬。也有許多當作庭院樹
木是用來代替松樹。葉子
以針葉樹來說偏寬,在莖
端成螺旋狀著生。

葉脈只能
看見主脈

100%

背面

果實的紅色部分
可食用(12/25)

變種羅漢松
的葉子較短

冬芽偏白,
近乎平滑

葉子是每2
根叢生

小知識 原產於北美,有時人工種植的大王松(長葉松)葉長約
30cm 且 3 根叢生。

北海道
的樹

100%

葉端不
太尖

200%

葉子的剖面是
四邊形。莖是
紅褐色且有毛

庫頁雲杉的毬
果。長度 5～
10cm（6/30）

庫頁雲杉的行道樹（北海
道）

← 庫頁雲杉 寒 街

Picea glehnii

松科／喬木／日本北海道、岩手縣

生長在山地、高山樹林或溼地，主要是
寒冷地區的行道樹、公園樹、盆栽。葉
子比魚鱗雲杉短，葉子表面與背面沒有
區別。樹皮有網狀裂口，略帶紅色。

➡ 魚鱗雲杉 寒

Picea jezoensis

松科／喬木／日本北海道、關東～近畿

生長在高山，北海道產的稱為魚鱗雲杉，
本州產的是葉子和毬果略小的變種雲
杉。外觀幾乎相同，葉子表裡差異明顯。
樹皮帶黑色，有網狀裂口。

100%

葉端尖

高山
的樹

200%

葉子扁平，葉背有
2 條白色氣孔線。
莖是亮色無毛

唯一日本產的落葉針葉樹

日本落葉松 寒

Larix kaempferi

松科 / 喬木 / 日本北海道、本州

自生在日本本州中部的高山，也在寒冷地區大範圍植林當作木材使用或防風林。是日本產針葉樹之中唯一的落葉樹，秋天的黃葉很美。樹皮類似日本赤松。毬果是直徑約 2cm 的球形。

葉子柔軟，觸摸也不痛

100%

葉子叢生在短莖上，也螺旋狀著生在長莖上

葉子變黃的日本落葉松人造林（10/26）

⬇ 庫頁冷杉 寒 街

Abies sachalinensis

松科 / 喬木 / 日本北海道

生長在北海道的丘陵～高山，也植林當作木材或防風用途。也種植在公園裡。日本冷杉（P.291）的夥伴，樹形與日本冷杉類似，葉端內凹，毬果四散。

北海道的樹

庫頁冷杉的公園樹（北海道）

100%

葉端稍微內凹

庫頁冷杉的樹皮平滑偏白，是明顯的特徵

200%

葉子扁平，葉背有 2 條白色氣孔帶。莖是褐色，有毛

📖小知識　魚鱗雲杉、庫頁雲杉、庫頁冷杉是北海道最具代表性的針葉樹，在日本其他地方很少有機會看到。

形似杉的樹
柳杉、雪松、水杉等

柳杉是優質的木材，也是日本植林最多的樹木，其特徵是葉子集合著生成一球球，樹形是工整的三角形。本頁收集的是與柳杉樹形相似的樹木、分類相近的樹種、日文名稱有杉字的樹木等。

密集種植的柳杉樹形（7/12）

100%

雪松的毬果。長度約10cm，成熟就會四散（2/2）

葉子比日本落葉松長，觸摸葉端會痛

葉子叢生在短莖上，也呈螺旋狀著生在長莖上

← 雪松 街

Cedrus deodara

松科 / 喬木 / 原產於喜馬拉雅山

種植在公園、綠籬、街道、寬廣的院子。特徵是嫩葉為青白色，以及樹枝下垂的樹形。日文名稱雖然有杉字卻是松科，葉子類似日本落葉松。

→ 絨柏 街

Chamaecyparis pisifera 'Squarrosa'

柏科 / 小喬木 / 園藝種

日本花柏（P.294）的栽培品種，有時也當作庭院樹木。葉子與柳杉類似，但是為青白色且細軟。

100%

稍罕見樹木

雪松的樹形

➡ 柳杉 寒 暖 街

Cryptomeria japonica

柏科 / 喬木 / 日本本州～九州

原本自生在山地山稜或岩石地，
後來大範圍植林在低地～山地，
也種植在神社、公園、院子裡。
鐮刀形的葉子很獨特，容易分辨。

雄花的花蕾。花
粉從這裡飛出

柳杉的樹皮是褐色，
有縱向細裂口

100%

鐮刀形的葉子呈螺
旋狀著生在莖上

⬇ 杜松 暖 寒

Juniperus rigida

柏科 / 小喬木 / 日本本州～九州

有時生長在低地～山地的貧瘠土地或
山稜，也當盆栽。葉子類似柳杉，但
是為三輪生這點不同。莖葉會被擺在
老鼠行經的地方。別名香柏松

葉端尖銳，
觸摸會痛

表面的溝有
白色氣孔線

杜松的毬果（2/2）

毬果會留在
莖上很久

100%

杜松的樹形

← 水杉 街 對生

Metasequoia glyptostroboides

柏科 / 喬木 / 原產於中國

種植在公園、公共設施、街道等地方，會長成大樹。
日文名稱是曙杉，樹形類似柳杉，但它是落葉樹，
因此葉子是明亮的黃綠色，秋天就會變成磚紅色。

—— 葉子柔軟

這是落
葉樹

100%

—— 葉子和莖
是對生

100%

這是落
葉樹

葉子比水杉 ——
短，互生

街 對生 → 落羽松

Taxodium distichum

柏科 / 喬木 / 原產於北美

與水杉類似，種植在公園
等地方，不過略少當作植
栽。在原產地是自生在溼
地，樹幹四周會長出膝根
是其特徵，在日本的別名
是沼杉。

落羽松樹幹附近的地
下冒出的呼吸根。樣
子看來像膝蓋，因此
稱為膝根

水杉的葉子顏色明亮，多半在寬廣的公園或林蔭道

落羽松生長在溼地，因此多半種植在水邊

北美紅杉愈來愈常在商業設施或住宅大樓看到

日本金松成長緩慢，有時會在院子或寺院看到

↓ 北美紅杉

Sequoia sempervirens

柏科 / 喬木 / 原產於北美

有時種植在公園等地方。在原產地，樹高可超過100m，是世界上數一數二的大樹，有加州紅木、海岸紅杉、美國紅杉等名稱。樹皮有縱向裂口且非常厚。

100%

顏色比水杉深

稍罕見樹木

100%

稍罕見樹木

葉端稍微內凹

葉子正反兩面同樣中央有溝

葉背有2條白色氣孔線

葉端尖，不過摸起來不會痛

↑ 日本金松 寒 街

Sciadopitys verticillata

金松科 / 喬木 / 日本本州～九州

偶爾生長在山地的岩石山稜等地方，有時也種植在院子或公園。棒狀葉叢生是其特徵。過去曾經與柳杉同屬杉科。

小知識 在日本，日本金松可稱為「傘松」，大葉羅漢松（P.283）也可稱為傘松。

針狀葉呈羽狀排列

日本冷杉、南日本鐵杉、東北紅豆杉、日本榧樹等

針狀葉呈羽狀排列的樹木之中，松科的**日本冷杉類**、**南日本鐵杉類**、**雲杉類**的莖是褐色，成樹的葉子稍微呈螺旋狀著生，樹高達 30m 左右，可形成樹林。另一方面，**東北紅豆杉**、**日本榧樹**、**柱冠粗榧**的莖是綠色，一般不會形成樹林。

日本冷杉的樹枝往斜上方長，形成三角樹形，會變成大樹。毬果長不到 10cm，成熟就會四散（7/16）

100%

← 裏白冷杉 寒 街

Abies homolepis

松科 / 喬木 / 日本東北地方～近畿、四國
生長在山地～高山，也比日本冷杉更常用來當公園樹或耶誕樹等。葉背的氣孔線比日本冷杉白，成樹、年輕樹葉端的內凹都很小。樹皮略帶紅色。

年輕樹的葉端稍微有分成二叉，略尖

長短葉子交互著生

← 南日本鐵杉 寒

Tsuga sieboldii

松科 / 喬木 / 日本關東～九州
經常與日本冷杉混生在山地～丘陵的山稜或岩石地。葉端內凹，葉子長度不一。樹皮是褐色，有網狀裂口。與之十分類似的日本鐵杉則是大範圍分布在本州北部、四國的高山，葉子短且莖有毛。

100%

葉端稍微有不尖銳的內凹

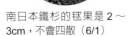

南日本鐵杉的毬果是 2～3cm，不會四散（6/1）

↓ 歐洲雲杉 街

Picea abies

松科 / 喬木 / 原產於歐洲
主要種植在北日本的院子或公園，也植林當作防雪林等。年輕樹的樹形類似日本冷杉，很工整，老樹的樹枝下垂。毬果與魚鱗雲杉（P.284）類似，長度 10～20cm。

葉端尖銳沒有分叉。葉子表裡的區別不顯

100%

年輕樹或背陰處的
莖，葉子葉端會變成
尖銳的二叉狀

成樹的
葉端

200%

200%

100%

暖 寒 街

➡ 日本冷杉

Abies firma

松科 / 喬木 / 日本本州～九州

生長在丘陵～山地的山稜或岩石
地，有時也種植在寺院或公園。
年輕樹的葉端一分為二，成樹的
樹冠葉子有不尖銳的內凹。樹皮
是灰白色，而且成樹有裂痕。

這是背陰處的莖，葉
子多半會平行排列成
一平面

比較莖的背面（200%）

日本冷杉的葉柄基部
圓且寬，莖上有短毛

裏白冷杉的氣孔線更
白，莖是亮色且無毛

南日本鐵杉的葉柄下
方有隆起的葉枕，莖
無毛

歐洲雲杉有葉枕突
出，莖是紅褐色且無
毛

辨識重點 一般人的手無法碰到日本冷杉、南日本鐵杉、雲杉類的成樹樹冠，因此是以年輕樹
或背陰處的葉子為主要觀察對象。

東北紅豆杉的果實紅色部分可食用，但是種子有毒，因此要小心別誤食（10/14）

100%

葉子柔軟，葉端尖，觸摸也不會痛

葉背有不明顯的綠色氣孔線

背面

葉子比東北紅豆杉短

100%

↑ 東北紅豆杉

Taxus cuspidata

紅豆杉科 / 喬木 / 日本北海道～九州

有時生長在山地～高山的山稜等，在寒冷地區主要是種植在院子、綠籬、公園。樹形有些獨特，成長緩慢。樹皮是紅褐色，有縱向裂口。別名赤柏松。

↑ 矮紫杉 街 寒

Taxus cuspidata var. *nana*

紅豆杉科 / 灌木 / 日本本州靠日本海側

東北紅豆杉的變種，葉子呈螺旋狀著生，樹高 1 ～ 3m，個頭小。偶爾生長在高山迎風面的山稜。一般是當成庭院樹木種植在各地妥善修剪或當綠籬。也有個頭介於矮紫杉與東北紅豆杉之間的中型樹。

經過修剪的矮紫杉庭院樹

東北紅豆杉的年輕樹形

日本榧樹的果實
是綠色（9/29）

葉背有 2 條細氣
孔線

葉子硬，碰到葉端會痛。
一撕碎莖葉，就會產生葡
萄柚的香氣

100%

背面

← 日本榧樹 暖 寒 街

Torreya nucifera

紅豆杉科 / 喬木 / 日本本州～九州

零星分布在丘陵～山林，有時也種植
在寺院或院子。葉子硬又尖。種子炒
過可食用，也可用來採食用油或燈油。
在靠日本海側的多雪地區，變成樹幹
匍匐在地的灌木，稱為變種矮雞榧樹。

日本榧樹的成樹。三角
樹形

→ **柱冠粗榧** 暖 寒

Cephalotaxus harringtonia

**粗榧科 / 小喬木 / 日本北海
道～九州**

與日本榧樹類似，零星分布
在丘陵～山林，不過樹高約
5m，油與樹材都沒有用處。
在靠日本海側的多雪地區，
樹幹會匍匐在地，稱為變種
伏地柱冠粗榧。

柱冠粗榧的果實是
紅紫色（10/30）

100%

觸碰葉端也
不會痛。莖
葉沒有香氣

葉子比日本榧樹
長且軟，葉背的
氣孔線很寬

背面

鱗狀葉 1
日本扁柏、日本花柏、柏科等

針葉樹之中還有擁有鱗狀葉的樹種，是以**日本扁柏**、**日本花柏**為代表。長度數 mm 的鱗狀葉一片片長在一片葉子上，葉子在莖上緊密對生。但是也有**圓柏類**這種，鱗狀葉和針狀葉交雜的樹木。

日本扁柏的年輕樹。下方是毬果（12/16）

← 日本花柏 街 寒 暖

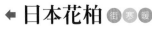

100%

Chamaecyparis pisifera

柏科 / 喬木 / 日本本州、九州

偶爾生長在山地河谷沿岸等地方，有時種植在寺院、公園或林地。樹材輕軟。栽培品種的線柏（P.298）、孔雀柏（P.300）、絨柏（P.286）等是作為庭院樹木。

葉端比日本
扁柏尖

葉端鈍。一撕碎就會產生香氣

100%

莖葉比日本
扁柏略稀疏

栽培品種的矮雞扁柏。灌木型，而且莖葉集中呈扇形

100%

→ 日本扁柏 暖 寒 街

Chamaecyparis obtusa

柏科 / 喬木 / 日本關東～九州

最頂級的建築材料，在低地～山地大範圍植林，也種植在寺院或公園。原本自生在山地的岩石地。以前是用來生火的木頭。栽培品種矮雞扁柏、黃金柏（P.300）則當成庭院樹木。

日本扁柏的樹皮比柳杉有更大幅度的裂口，容易剝落

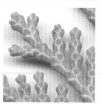

日本花柏有 X 字形
（蝶形）的氣孔帶

羅漢柏有 W 字形的
粗氣孔帶

日本扁柏有 Y 字形
的細氣孔帶

種植在神社的羅漢柏

← **羅漢柏** 寒 暖 街

Thujopsis dolabrata

柏科 / 喬木 / 日本北海道～九州

偶爾生長在山地的山稜等，有時種
植在寺院或院子。在本州北部為了
木材而植林，林業多半稱之為檜木。

擁有柏科植物中
最大的鱗狀葉

稍罕見
樹木

100%

相似物種

檜葉寄生 暖

Korthalsella japonica

檀香科 / 小灌木 / 日本關東～沖繩、臺灣

主要是寄生在枴木等常綠樹的樹上，樹高
10 ～ 20cm 左右。葉子退化，變成有節的綠
色莖，模樣獨特。

葉子退化
成鱗片狀

寄生在枴木樹
枝上的個體

果實

100%

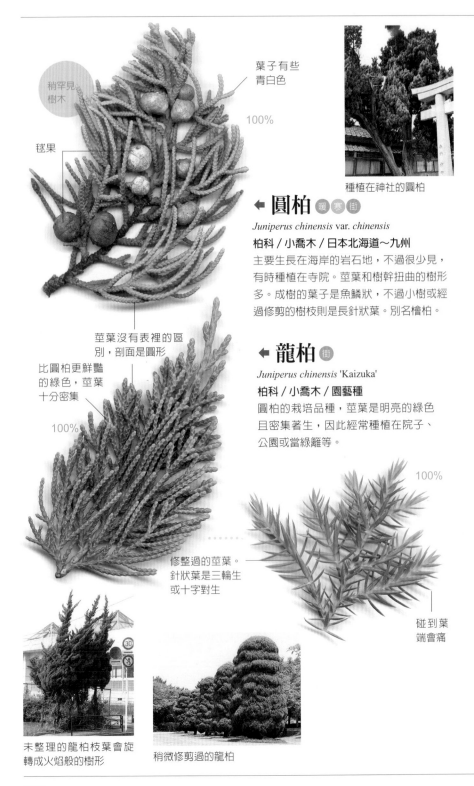

稍罕見樹木

毬果

葉子有些青白色

100%

種植在神社的圓柏

← 圓柏 暖 寒 街

Juniperus chinensis var. *chinensis*

柏科 / 小喬木 / 日本北海道～九州

主要生長在海岸的岩石地，不過很少見，有時種植在寺院。莖葉和樹幹扭曲的樹形多。成樹的葉子是魚鱗狀，不過小樹或經過修剪的樹枝則是長針狀葉。別名檜柏。

← 龍柏 街

Juniperus chinensis 'Kaizuka'

柏科 / 小喬木 / 園藝種

圓柏的栽培品種，莖葉是明亮的綠色且密集著生，因此經常種植在院子、公園或當綠籬等。

莖葉沒有表裡的區別，剖面是圓形

比圓柏更鮮豔的綠色，莖葉十分密集

100%

100%

修整過的莖葉。針狀葉是三輪生或十字對生

碰到葉端會痛

未整理的龍柏枝葉會旋轉成火焰般的樹形

稍微修剪過的龍柏

➡ 藍太平洋柏 街

Juniperus conferta 'Blue pacific'

柏科 / 匍匐灌木 / 園藝種

自生在海岸的岸杜松的栽培品種，
近年來經常種植在公園或院子等當
作綠覆面。葉子是青綠色的針狀葉，
三輪生或十字對生。

葉端尖，
一碰會痛

這是針
狀葉

100%

葉子表面有
白色氣孔線

樹幹匍匐在地的樹形

匍匐在地的真柏

⬆ 真柏 街 賽

Juniperus chinensis var. *sargentii*

柏科 / 匍匐灌木 / 日本北海道～九州

圓柏的變種，生長在山地～高山或海岸
的岩石地，樹幹匍匐在地，樹高 50cm
左右。葉子一般是鱗狀葉。種植在院子
或公園當作斜坡等的綠覆面。與之十分
類似的變種偃柏是針狀葉，不過會與真
柏混淆。

類似卻不一樣的其他夥伴

紅荊

Tamarix chinensis

檉柳科 / 小喬木 / 原產於中國

葉子是類似日本扁柏的細小鱗
狀葉，卻是闊葉樹的夥伴。與
楊柳類似，生長在水邊，莖端
稍微下垂。偶爾當作庭院樹木。

這是落
葉樹

花是淺粉紅色～白
色（5/5）

100%

300%

葉子互生

鱗狀葉 2
松柏類

為了園藝用途經過品種改良的針葉樹，一般稱為松柏類。這裡將介紹包括過去就存在的**金線柏**、最典型的**香冠柏**，以及近年來愈來愈多的外國產樹種的栽培品種等，鱗狀葉松柏類的代表品種。

香冠柏的盆栽（12/11）

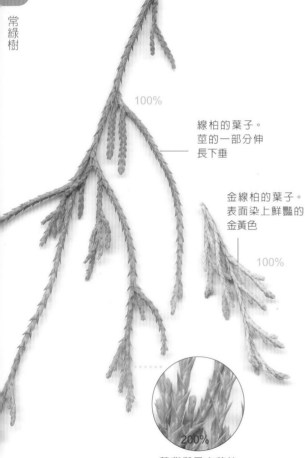

100%

線柏的葉子。
莖的一部分伸
長下垂

金線柏的葉子。
表面染上鮮豔的
金黃色

100%

200%

葉背與日本花柏
一樣有 X 字形的
氣孔帶

金線柏的樹枝

← **金線柏** 街

Chamaecyparis pisifera 'Filifera Aurea'
柏科 / 小喬木 / 園藝種

日本花柏（P.294）的栽培品種，莖成絲狀下垂，葉子染上黃色。又叫作黃金瀑布（金線花柏）。葉子綠色的品種叫線柏，自古就當成庭院樹木。

➡ 香冠柏

Cupressus macrocarpa 'Goldcrest'

柏科 / 小喬木 / 園藝種

原產於北美的大果柏木的栽培品種。多半當作耶誕節用的盆栽或庭院樹木，也是松柏類植物熱潮的起點。金黃色葉子很鮮豔，也可看見略呈針狀的葉子。樹高可達 5m。

⬇ 矮金柏

Platycladus orientalis 'Aurea Nana'

柏科 / 灌木 / 園藝種

原產於中國的側柏的栽培品種，葉子有黃色，莖葉密集生長。葉子縱向著生，表裡沒有區別。樹高 1 ～ 2m 的灌木型樹木種植在院子或公園裡。

魚鱗狀的葉子。冬天時黃色會變深

略呈針狀的葉子。夏天是黃綠～黃色的螢光色

100%

100%

一撕碎葉子就會產生類似花椒的香氣

側柏的原始種。樹高 5 ～ 10m 的小喬木

側柏的葉子。原始種的葉子是綠色，莖略稀疏

矮金柏的葉子。愈靠近莖端的嫩葉，顏色愈黃

100%

氣孔帶幾乎看不見，表裡都一樣

矮金柏的樹形

毬果是金平糖的形狀

✎小知識　conifer（松柏類）這個英文原本是指所有針葉樹。

莖端的葉
子偏黃色

100%

← 黃金羽葉花柏 街

Chamaecyparis pisifera 'Plumosa Aurea'

柏科 / 喬木 / 園藝種

日本花柏（P.294）的栽培品種，葉
子是小型針狀，帶金黃色。過去就經
常種來當作綠籬或庭院樹木，樹高可
達 8m 以上。

莖端的葉子
偏黃色

100%

基部的葉
子愈呈現
針狀

筆直伸長的
莖兩側排列
著短莖葉

黃金鳳尾柏的枝葉

看不見葉背
的氣孔帶

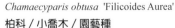

葉背與日本花柏
一樣，有 X 字形
的氣孔帶

→ 黃金鳳尾柏 街

Chamaecyparis obtusa 'Filicoides Aurea'

柏科 / 小喬木 / 園藝種

日本扁柏（P.294）的栽培品種，莖葉
如孔雀的尾巴般伸長，而且帶金黃色。
綠色的稱為黃金柏。從以前就被當成
庭院樹木。

100%

葉背的氣孔
帶不明顯

成排種植的黃金羽葉花
柏

→ 雜交柏 街

× *Cupressocyparis leylandii*

柏科 / 小喬木 / 園藝種

原產於北美，是扁柏屬的阿拉斯
加扁柏，與柏木屬的大果柏木交
配產生的屬間雜交種，有黃金葉
與斑葉等的栽培品種，近年來經
常種植在院子、公園，或當綠籬。

葉子帶青色，
比日本扁柏細
長

雜交柏的綠籬

← 北美側柏 街

Thuja occidentalis

柏科 / 喬木 / 原產於北美

葉子類似日本扁柏，不過有甜香味，而且看不見葉背的氣孔帶。在北日本主要種植在院子或公園。此外還有很多葉子顏色漂亮、成狹長圓錐樹形的栽培品種，例如：綠毬果、祖母綠、黃金麝香柏等，也經常種植在院子或公園裡。

毬果

200%

鱗狀葉偏圓，葉背的氣孔帶不清楚

100%

一揉葉子就會產生松柏類的香氣

綠毬果的小樹

100%

嫩葉表面有白蠟覆蓋

→ 麗銀柏 街

Juniperus scopulorum 'Blue Heaven'

柏科 / 小喬木 / 園藝種

原產於北美的麗柏的栽培品種，葉子是帶白色的青綠色。十分類似的栽培品種包括威奇塔藍、藍天使、飛昇等，這些都是葉子為青白色，近年來經常種植在院子或公園裡。多半都會變成狹長的圓錐樹形。

麗柏類的栽培品種樹整體看來是青白色

→ 亞利桑那柏「藍冰柏」 街

Cupressus arizonica 'Blue Ice'

柏科 / 小喬木 / 園藝種

原產於北美的綠干柏的栽培品種，特徵是青白色的莖葉分支像雪的結晶。與類似的栽培品種塔柏，同樣是近年來經常種植的樹種。

100%

有圓形的腺點

辨識重點 松柏類的葉子多半是冬天會變成深黃色，或是帶紅色。

中名索引

中名索引

學名索引

學名索引

學名索引

學名索引

學名索引

學名索引

台灣自然圖鑑 046

葉子圖鑑
くらべてわかる木の葉っぱ

作者	林将之
翻譯	黃薇嬪
審定	楊宗愈
主編	徐惠雅
執行主編	許裕苗
版面編排	許裕偉

創辦人	陳銘民
發行所	晨星出版有限公司
	臺中市 407 工業區三十路 1 號
	TEL：04-23595820　FAX：04-23550581
	E-mail：service@morningstar.com.tw
	http：//www.morningstar.com.tw
	行政院新聞局局版臺業字第 2500 號
法律顧問	陳思成律師
初版	西元 2020 年 01 月 06 日

總經銷	知己圖書股份有限公司
	106 臺北市大安區辛亥路一段 30 號 9 樓
	TEL：02-23672044 / 23672047　FAX：02-23635741
	407 臺中市西屯區工業 30 路 1 號 1 樓
	TEL：04-23595819　FAX：04-23595493
	E-mail：service@morningstar.com.tw
	網路書店 http://www.morningstar.com.tw
讀者服務專線	04-23595819#230
郵政劃撥	15060393（知己圖書股份有限公司）
印刷	上好印刷股份有限公司

定價 690 元

ISBN　978-986-443-859-4

First Published in Japan 2017. © 2017 Masayuki Hayashi Published
by Yama-Kei Publishers Co., Ltd. Tokyo, JAPAN